Fatma Aouaini

Etude de Phénomène de Sorption et Distribution des Pores et d'Energies

Fatma Aouaini

Etude de Phénomène de Sorption et Distribution des Pores et d'Energies

Physique Statistique, Adsorption, Désorption, Isotherme, Distribution des Pores, Distribution D'énergie

Presses Académiques Francophones

Imprint

Any brand names and product names mentioned in this book are subject to trademark, brand or patent protection and are trademarks or registered trademarks of their respective holders. The use of brand names, product names, common names, trade names, product descriptions etc. even without a particular marking in this work is in no way to be construed to mean that such names may be regarded as unrestricted in respect of trademark and brand protection legislation and could thus be used by anyone.

Cover image: www.ingimage.com

Publisher:
Presses Académiques Francophones
is a trademark of
International Book Market Service Ltd., member of OmniScriptum Publishing Group
17 Meldrum Street, Beau Bassin 71504, Mauritius

Printed at: see last page
ISBN: 978-3-8416-3444-3

Zugl. / Agréé par: la Faculté de Sciences de Monastir de l'Université de Monastir, 5000

Dédicace

Tout d'abord, je dois remercier DIEU le tout puissant qui m'a donné la force pour terminer ce travail.

C'est avec un grand plaisir que je dédie ce mémoire de thèse à :

La mémoire de tous les martyrs de la Révolution Tunisienne 2010-2011

Mes chers parents Hédi et Fadhila , que le bon dieu les gardent

Mes sœurs Aida, Awatef, Sabrine

Mes frères Mohamed, Sabri , Omar

Mes Oncles Ali, Hamza, Wajdi

Mon fiancé Mohamed Sghair Saidi

A tout la famille Aouaini et Saidi

Ma copine Mouna Nouri

Aux petits Alaa, Waed, Rasselan, Arij et Hiba

Et à tous ceux qui me sont chers

REMERCIEMENTS

*Cette thèse a été réalisée au sein de **l'Unité de Recherche de Physique Quantique (11/ES/54)** de la Faculté des Sciences de Monastir.*

*J'exprime mes plus vifs remerciements à Monsieur **Salah KNANI**, Maître Assistant à l'Institut Supérieur des Sciences Appliquées et Technologies de Sousse (ISSAT), pour m'avoir encadré tout au long de ma thèse. Votre sollicitude, votre amabilité, votre disponibilité, vos qualités humaines et professionnelles sont pour moi un modèle idéal. Je vous remercie pour les aides et les conseils que vous n'avez pas cessé de me prodiguer tout au long de l'accomplissement de ce travail.*

*Je tiens à remercier Monsieur le Professeur **Abdelmottaleb BEN LAMINE** de m'avoir accueilli dans son laboratoire et d'avoir proposé ce sujet de thèse. L'intérêt qu'il a porté à mon travail et la confiance qu'il m'a constamment témoignée ont été pour moi très motivants.*

*Je voudrais remercier Monsieur **Hafedh BEL MABROUK**, Professeur à la Faculté des Sciences de Monastir (FSM), pour avoir accepté de juger mon travail et de m'avoir fait l'honneur de présider le jury de cette thèse.*

*J'exprime également mes sincères remerciements à Monsieur **Jemai DHAHRI**, Professeur à la Faculté des Sciences de Monastir (FSM), pour l'intérêt qu'il a porté à mon travail et pour l'honneur qu'il me fait en acceptant d'être rapporteur de ma thèse.*

*De même, je voudrais remercier Monsieur **Sadok ZEMNI**, Professeur à l'Institut Supérieur des Sciences Appliquées et Technologies de Sousse (ISSAT), de m'avoir fait l'honneur d'être rapporteur de cette thèse et d'avoir accepté de juger ce travail.*

*J'adresse mes remerciements à Monsieur **Sami KALLEL**, Maître de conférences à l'Institut Supérieur des Sciences Appliquées et Technologies de Sousse (ISSAT), pour avoir accepté d'examiner ce rapport et participé au jury.*

*Je remercie plus particulièrement, les membres du Groupe de Génie des Procédés Agro-alimentaires de l'Unité de Recherche en Mécanique des Fluides Appliquée et Modélisation de l'Ecole Nationale des Ingénieurs de Sfax, en particulier Monsieur le Professeur **Nabil KECHAOU** et Madame **Neila BAHLOUL** pour leur collaboration de nous avoir fournit les données expérimentales et leur accueil chaleureux pendant les visites au laboratoire.*

*Je n'oublie jamais de remercier, Monsieur **Moahamed Abdennaceur HACHICHA**, Maître Assistant à la Faculté des sciences de Monastir (FSM) pour son aide, ses encouragements et ses remarques judicieuses pour l'amélioration de ce travail.*

*Je remercie plus particulièrement, Madame **Manel BEN YAHIA** pour son encouragement et ses conseils qui m'ont aidé à bien mener ce travail et d'avoir vécu ensemble une ambiance particulière tout ou long de ce travail.*

La petite famille, les membres de notre équipe de recherche qui m'a accueilli et intégré pendant toute la durée de ma thèse.

Enfin, mes plus sincères remerciements iront à tous ceux que je n'ai pas cités et qui ont contribué de près ou de loin à la réalisation de ce travail.

Table des matières

Introduction Générale

Dans ce manuscrit, nous nous sommes intéressés à la modélisation des isothermes d'adsorption et de désorption en phase gazeuse en utilisant des modèles basés sur un traitement par la physique statistique. La modélisation consiste tout d'abord à établir des expressions analytiques simples décrivant les isothermes expérimentales des produits agroalimentaires choisis, à les ajuster et à chercher finalement le modèle le plus adéquat donnant la meilleure corrélation en comparant avec des modèles cités dans la littérature. Les différents paramètres calculés moyennant une procédure d'ajustement nous permettent de déterminer à chaque fois les énergies d'adsorption, le nombre d'ancrages de la molécule avec la surface solide ainsi que le nombre de couches moléculaires adsorbées. En se basant sur le modèle sélectionné nous décrivons le processus d'adsorption au niveau microscopique, du point de vue stéréographique et énergétique, moyennant les valeurs des paramètres ajustés ainsi que les fonctions thermodynamiques intervenantes dans le processus d'adsorption et de désorption. En se basant sur le modèle de désorption nous avons déterminé la distribution des tailles des pores (PSD) et la distribution d'énergie d'adsorption (AED).

Le présent travail est composé par cinq chapitres.

Dans le premier, nous donnons une vue d'ensemble sur le phénomène de sorption de l'eau et de la sorption en phase gazeuse de manière générale. Nous présentons dans ce chapitre quelques modèles empiriques et semi-empiriques qui sont déjà développés dans la littérature et nous finirons par la donnée de quelques notions sur la porosité et l'hétérogénéité de la surface adsorbante. Nous présentons aussi une description, par la physique statistique plus précieusement l'ensemble grand canonique du phénomène d'adsorption.

Dans le second chapitre, nous donnons un aperçu sur les adsorbats et les adsorbants étudiés. Nous décrivons ensuite les principales techniques utilisées pour la réalisation des isothermes d'adsorption et de désorption. Les différentes courbes des isothermes de sorption viennent comme preuve pour montrer la performance de notre travail.

Le troisième chapitre est dédié à la modélisation du phénomène d'adsorption de l'eau sur les quatre variétés des feuilles d'olivier et pour valider notre modèle nous choisissons aussi des données de la littérature , à savoir les isothermes d'adsorption de l'eau sur les produits alimentaires (graines de pois chiches, graines de lentilles, pomme de terre et poivrons vert) réalisées à différentes températures. Une formulation d'un modèle multicouche avec deux niveaux d'énergie a été réalisée en se basant sur un traitement par la physique statistique et des considérations théoriques. Il est conclu que parmi les modèles étudiés, le modèle proposé par nous est le meilleur pour la description des données expérimentales dans toute la gamme de l'activité de l'eau. Nous déduisons par la suite les fonctions thermodynamiques telles que l'entropie (S), l'enthalpie libre de Gibbs (G) et l'enthalpie (H).

Nous consacrons le quatrième chapitre au développement théorique d'une expression analytique pour la modélisation des isothermes de désorption de la vapeur d'eau sur quatre variétés des feuilles d'olivier, à savoir (Chemlali, Chemchali, Chetoui, Zarrazi) en utilisant le formalisme de la physique statistique. Cinq paramètres interviennent, dans ce modèle, à savoir le nombre de molécules par site n, la densité des sites récepteurs N_M, le nombre de couches N_2 comme paramètres stériques et les paramètres énergétiques activités de l'eau a_1 et a_2. Les résultats obtenus sont discutés pour expliquer le comportement des différents paramètres en fonction de la température. Le modèle statistique a été utilisé également pour étudier les fonctions thermodynamiques qui gouvernent le mécanisme de désorption, telle que l'entropie (S), l'énergie interne (E_{int}) et l'enthalpie libre de Gibbs (G).

Dans le cinquième chapitre, nous déterminons la distribution des tailles des pores (PSD) en se basant sur la modélisation des isothermes de désorption du chapitre IV pour les quatre variétés des feuilles d'olivier en utilisant l'équation de Kelvin. Les résultats sont comparés à ceux obtenus avec la microscopie électronique à balayage (MEB). L'effet de la température sur la fonction de distribution des pores a été étudié et l'influence des différents paramètres sur la PSD a été interprétée. Une fonction de la distribution d'énergie (AED) a été déduite de la PSD.

Le mémoire de thèse est achevé par une conclusion générale sur l'apport scientifique de nos travaux que nous avons effectués dans le domaine de modélisation théorique utilisant la physique statistique pour l'étude et la compréhension du phénomène physique de l'adsorption et la désorption de l'eau ainsi que nos perspectives dans ce domaine.

Généralités sur le Phénomène d'Adsorption de l'Eau

1. Introduction

Le phénomène d'adsorption trouve de nos jours des applications dans plusieurs domaines de l'activité humaine : des matériaux adsorbants sont utilisés pour purifier l'eau de distribution, pour supprimer les mauvaises odeurs dans des systèmes de conditionnement d'air, pour capter les molécules toxiques, pour la réfrigération, pour dessalement de l'eau, teinture, dépollution ... C'est dans ce contexte que nous nous sommes intéressés à étudier, tout d'abord, quelques notions fondamentales de l'adsorption et désorption ainsi que ses différentes caractéristiques. Nous finirons par un aperçu sur la porosité et les méthodes utilisées pour déterminer la distribution des tailles des pores et une étude sur la distribution des énergies.

2. L'adsorption

Plusieurs définitions ont été données par divers auteurs, les plus usuelles sont :

L'adsorption est un phénomène d'interface, pouvant se manifester entre un solide et un gaz ou un liquide [1].

L'adsorption est un phénomène physico-chimique se traduisant par une modification de la concentration à l'interface de deux phases non miscibles : liquide/solide ou gaz/solide, et on parlera donc du couple adsorbat/adsorbant [2].

L'adsorption est un phénomène de surface, qui est à distinguer de l'absorption qui est un phénomène de profondeur. Le terme surface doit s'étendre à la totalité des surfaces externes et internes, engendrés par les fissures, cavernes ou capillaire [2].

L'adsorption fait intervenir deux constituants :

Le solide est appelé adsorbant et la substance qui s'adsorbe est nommée adsorbat ou plus couramment soluté afin d'éviter toute confusion avec l'adsorbant [2,3].

Au cours de la désorption, phénomène inverse de l'adsorption, les liaisons entre les entités adsorbées et le substrat se brisent et il y a migration des entités adsorbées vers la phase libre [2,3].

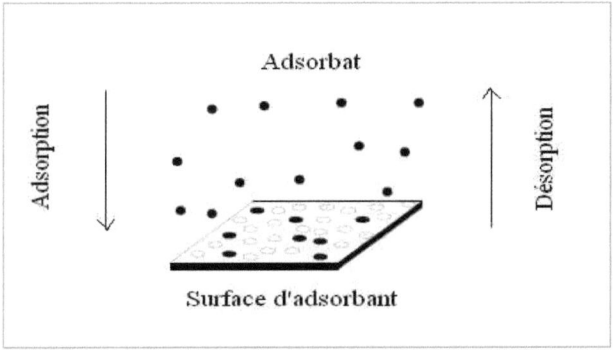

Figure. 1.1. Schéma représentatif de l'adsorption et la désorption [3].

Les molécules adsorbées sur la surface du substrat se présentent généralement, soit sous la forme d'une couche en contact direct avec la surface, soit sous la forme de plusieurs couches de molécules adsorbées (figure 1.2) [3].

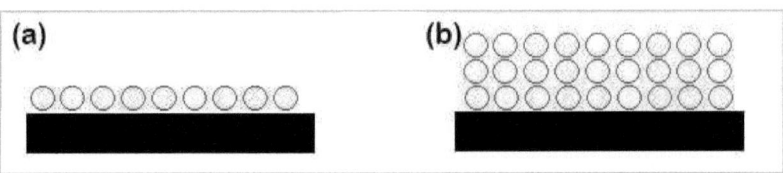

Figure 1.2. Arrangement des couches d'adsorbat : en monocouche (a) et en multicouches (b).

Rappelons qu'il existe deux types d'adsorption qui se distinguent par les énergies mises en jeu et par leur nature.

- 🞏 L'adsorption physique ou physisorption.
- 🞏 L'adsorption chimique ou chimisorption.

2.1. Physisorption

La physisorption est un phénomène universel et réversible. Elle se produit généralement à basse température et ne nécessite aucune énergie d'activation [3]. Les forces intermoléculaires mises en jeu sont relativement faibles, généralement voisines de celles mises en jeu lors de la liquéfaction du gaz (énergies d'adsorption < 40 kJ.mol^{-1}) [2,3] et sont d'origine physique (forces de Van der Waals, de dispersion, électrostatiques...) [3]. De plus, selon la nature de la molécule adsorbée, la physisorption peut être « spécifique » ou « non spécifique ». Dans le cas des interactions non spécifiques où interviennent des forces de dispersion, les molécules adsorbées ont tendance à recouvrir la totalité de la surface de l'adsorbant. Ce phénomène est rencontré avec des molécules non polaires telles que les hydrocarbures saturés, l'argon ou le diazote. En revanche, dans le cas de molécules polaires comme, par exemple l'eau, des interactions spécifiques interviennent en plus des forces de dispersion. Le processus d'adsorption peut alors devenir spécifique avec physisorption des molécules sur les sites d'adsorption les plus énergétiques avec éventuellement formation de clusters, sans forcément recouvrir toute la surface disponible [4,5].

2.2. Chimisorption

La chimisorption s'effectue avec formation d'une liaison chimique entre l'adsorbat et l'adsorbant. En effet, il y a transfert d'électrons entre le gaz et l'adsorbant, c'est-à-dire formation d'une véritable liaison covalente. Contrairement à la physisorption, c'est un phénomène très spécifique, non réversible et beaucoup plus lent. Les énergies d'interactions mises en jeu sont élevées, largement supérieures à l'énergie de liquéfaction du gaz adsorbable (de 40 kJ.mol^{-1} à 400 kJ.mol^{-1}) [6], une énergie d'activation est associée à ce processus.

Le tableau 1.1 suivant regroupe quelques critères de distinction entre l'adsorption physique et l'adsorption chimique.

Propriétés	Adsorption Physique	Adsorption Chimique
Température du processus	Relativement basse	Plus élevée
Chaleur d'adsorption	~ 40 kJ/mol	~400 kJ/mol
Liaisons	Physique : Van der Waals	Chimique
Cinétique	Rapide, réversible	Lente, irréversible
Spécificité	Processus non spécifique	Processus très spécifique
Désorption	Facile	Difficile
Couches formées	Monocouche ou multicouche	Uniquement monocouche

TABLEAU .1.1. Distinction entre l'adsorption physique et chimique [4].

3. Utilisation Industrielle de l'adsorption

3.1. Séparations gazeuses

La principale opération de ce type de séparation est la déshumidification de l'air ou d'autre gaz. On peut également citer l'élimination d'odeur ou d'impuretés sur des gaz, la récupération de solvants et le fractionnement des hydrocarbures [7].

3.2. Séparations liquides

Ce type d'opération couvre l'élimination d'odeurs et des goûts, l'élimination des traces d'humidités dans les essences, décoloration des produits pétroliers et des solutions aqueuses de sucre, le fractionnement des mélanges d'hydrocarbures [7].

3.3. Isotherme d'adsorption et de désorption de l'eau

On peut représenter la courbe appelée isotherme « d'adsorption-désorption » ou bien « sorption » obtenu en portant [7,8]

☐ En ordonnée

- La teneur en eau (quantité adsorbée) du produit exprimée en kg d'eau par kg de matière sèche.

☐ En abscisse

- L'activité d'eau (P/P$_{vs}$) ou

- Pression ou

- Concentration

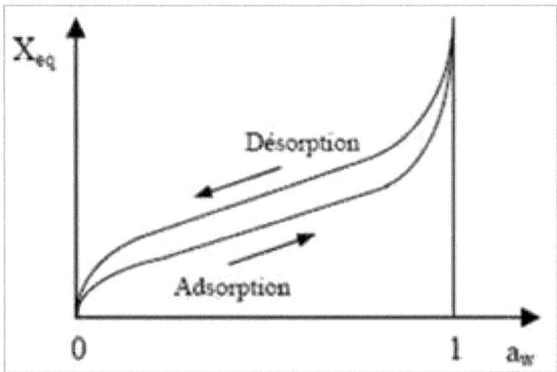

Figure.1.3. Isotherme d'adsorption et de désorption [9].

Cette isotherme reflète par sa forme une adsorption multicouche. Néanmoins il existe d'autres isothermes qui seront envisagées ultérieurement. Pour chaque valeur de a$_w$, l'isotherme donne la teneur en eau (Q ou X$_{eq}$) du produit à une température donnée.

L'isotherme d'adsorption met en évidence 3 zones comme le montre la figure (1.4).

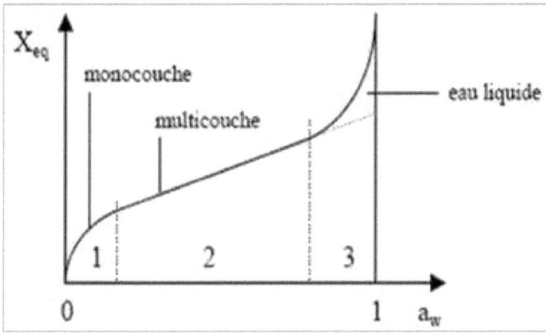

Figure 1.4. Forme générale de l'isotherme d'adsorption de l'eau [9].

Zone (1) : cette zone correspond à l'eau fortement liée dans laquelle il y a formation d'une monocouche moléculaire à la surface du produit caractérisée par la force de van der Waals entre les groupements hydrophiles et les molécules d'eau. L'adsorption des molécules d'eau se fait progressivement jusqu'à constituer une monocouche recouvrant toute la surface externe des pores du produit. L'eau est dans un état rigide en raison de l'importance des forces de liaisons entre les molécules d'eau et la surface [9,10].

Zone (2) : l'adsorption des molécules se fait sur la première monocouche adsorbée. L'adsorption de l'eau en multicouche peut être liée au remplissage des pores et des espaces capillaires par l'eau [9,10]. L'isotherme peut, par approximation, être considérée comme linéaire dans cette zone et l'eau est dans un état intermédiaire entre le solide et le liquide.

Zone (3) : L'eau se présente à l'état liquide dans les pores du matériau. L'épaisseur de la pellicule est suffisante pour que l'eau soit présente à l'état liquide dans les pores du matériau. L'eau micro capillaire constitue une phase continue et condensée mobile et faiblement liée au matériau [10,11]. L'analyse de l'isotherme d'adsorption et de désorption montre que les deux courbes ne sont pas superposées.

Pour une teneur en eau donnée, l'équilibre de désorption s'établit pour les activités de l'eau plus faibles que l'équilibre d'adsorption. C'est le phénomène d'hystérésis qui apparait selon les deux observations suivantes :

❏ Les pores des aliments sont généralement plus petits en surface qu'en profondeur. La pression de vapeur d'eau nécessaire au remplissage est plus élevée que celle à laquelle les pores se vident [8,11].

❏ L'hystérésis est surtout marquée dans les fruits et les légumes car les sucres de ces aliments forment des solutions sursaturés qui ne précipitent pas lors de la déshydration [8,11].

3.4.   Intérêt des isothermes d'adsorption en technologie alimentaire

Plus l'activité de l'eau (a_w) est basse dans un aliment, mieux il se conserve car la prolifération microbienne et les réactions chimiques sont limitées. Les courbes des isothermes sont utiles pour prévoir le comportement des aliments suite aux traitements technologiques et aux conditions de stockage [8].

Réhydratation d'un aliment déshydraté

Pour une même teneur en eau, un aliment à une plus grande activité de l'eau (a_w) que le produit partiellement déshydraté ; c'est le cas des fruits et des légumes. L'aliment réhydraté s'altère plus facilement que le produit partiellement déshydraté [8].

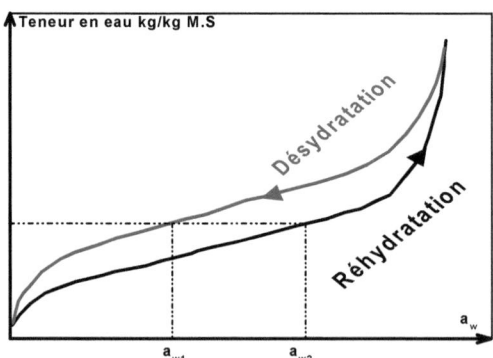

Figure.1.5. Réhumidification d'un produit déshydraté [8].

L'influence des variations de la température sur l'activité de l'eau a_w

A humidité constante, en emballage étanche, une augmentation de température élève l'activité de l'eau (a_w). Ceci est sensible surtout pour $a_w \sim 0.4$ d'où l'intérêt de maintenir le produit à température constante et basse [8].

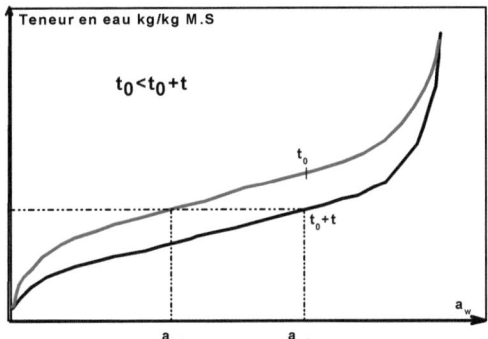

Figure.1.6. Isotherme d'adsorption en fonction de l'activité de l'eau pour deux températures t_o et $t+t_o$ [8].

Nous pouvons remarquer d'après la figure 1.6 que l'augmentation de la température entraîne, pour une même teneur en eau, une augmentation de a_w, ce qui peut avoir des conséquences négatives sur la stabilité chimique et microbiologique du produit. L'élévation de la température peut aussi entraîner des modifications irréversibles dans le produit alimentaire.

Aliments	Teneur en eau	Activité de l'eau (P/P$_{vs}$)
Produits animaux		
Viande de bœuf	71	0.990 − 0.980
Poissons	83	0.994 − 0.990
Œuf	74	0.970
Lait	89	0.995
Légumes		
Artichauts	92	0.987 − 0.976
Carottes	88	0.989 − 0.983
Pomme de terre	78	0.985
Tomates	94	0.991
Fruits		
Pomme	85	0.980
Cerises	83	0.977
Raisins	81	0.986 − 0.963
Oranges	86	0.991 − 0.988

TABLEAU 1.2. Variation de la teneur en eau en fonction de l'activité de l'eau pour quelques aliments à une température ambiante [8].

4. Modes de représentations

L'équilibre entre la quantité adsorbée et adsorbant (quantité adsorbée) sous forme graphique. Il rend compte de la relation entre concentration en soluté adsorbé et la concentration en soluté dans la phase libre. Il y a trois grandes familles de représentations de l'équilibre :

- **Les isothermes** où l'on porte la masse de soluté m adsorbé par unité de masse d'adsorbant en fonction de la pression partielle du gaz dans la phase vapeur à température constante [12].
- **Les isobares** qui traduisent la variation de m en fonction de la température à pression partielle constante de l'adsorbat dans la phase gazeuse [12,13].

- **Les isostères** qui donnent la pression partielle du soluté dans la phase gazeuse en fonction de la température à masse adsorbée constante [12,13].

  La figure 1.7 illustre les trois représentations pour un gaz.

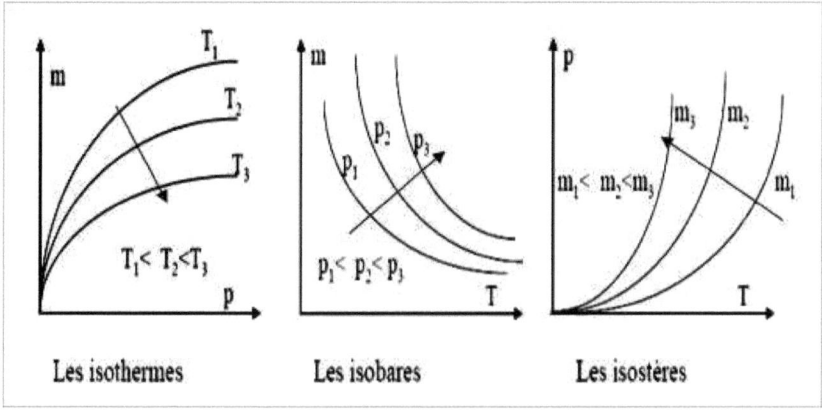

Figure.1.7. les trois représentations pour un gaz [13].

5. Isothermes d'adsorption

Pour caractériser l'adsorption, nous avons besoin de connaître quelques grandeurs liées à ce phénomène. La loi décrivant la quantité de matière adsorbée en fonction de l'activité de l'eau peut servir pour déterminer quelques grandeurs et paramètres intervenants dans le processus d'adsorption. Pour pouvoir mettre en évidence le pouvoir adsorbant d'un matériau vis à vis d'un gaz ou un liquide, il suffit de suivre l'évolution de la quantité adsorbée en fonction de la concentration (ou de la pression partielle du gaz), généralement à température constante. Cette évolution est donnée sous forme d'une courbe appelée isotherme d'adsorption puisqu'il faut manipuler à température constante. La capacité d'adsorption est non seulement fonction de la concentration de l'adsorbât mais aussi de la nature du produit à adsorber et du support adsorbant [14]. La majorité des problèmes rencontrés dans les isothermes d'adsorption résident dans leur analyse et leur interprétation qui dépendent de leurs allures. Le changement de forme d'une isotherme en passant d'un cas à un autre dépend des conditions de manipulation, à savoir la nature de l'adsorbât et de l'adsorbant et les paramètres thermodynamiques. Les isothermes d'adsorption-désorption sont les courbes le plus fréquemment rencontrées dans la littérature [15]. Plusieurs travaux [14-17] montrent que ces isothermes fournissent des indications sur la nature des interactions adsorbât/ adsorbant ainsi que sur les caractéristiques structurales des matériaux adsorbants telles que la surface spécifique, la capacité d'adsorption, les sites récepteurs et la nature de la porosité (volume poreux, diamètre et distribution de taille des pores..).

5.1. Classification de l'IUPAC

Suivant l'IUPAC (International Union of Pure and Applied Chemistry) [16], les isothermes d'adsorption d'un gaz peuvent être classées en six catégories selon leur allure. La figure 1.8 illustre les six isothermes modèles d'un gaz.

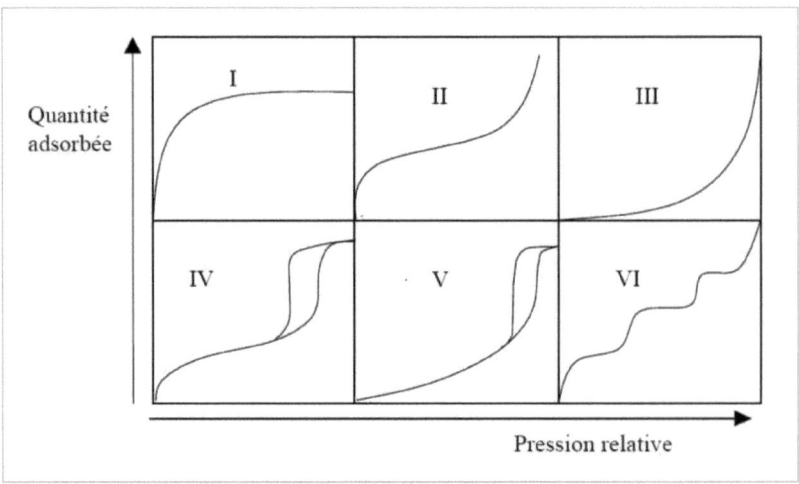

Figure .1.8.Les différents types d'isothermes d'adsorption selon la classification de l'IUPAC [14].

☐ Les isothermes de type I appelées aussi isotherme de Langmuir caractérisent une adsorption monocouche par limitation énergétique. Ce type correspond au remplissage de micropores avec saturation lorsque le volume à disposition est totalement rempli par limitation spéciale. Des études récentes dans notre équipe ont montré qu'une adsorption multicouche peut avoir aussi la même forme avec celle du type I [14,15].

☐ Les isothermes de type II et III sont représentatives de l'adsorption sur des solides non poreux ou macroporeux (diamètre des pores supérieur à 50 nm). L'adsorption se fait d'abord en monocouche puis s'étend à une adsorption multicouche jusqu'à une condensation capillaire. Les interactions intermoléculaires sont fortes en comparaison avec les interactions entre les molécules d'adsorbât et le solide. Dans le cas de l'isotherme de type II, le point d'inflexion de l'isotherme à basse pression relative correspond à la formation de la première couche d'adsorbât. L'isotherme de type III ne possédé pas un point d'inflexion et est caractérisée par des interactions adsorbant/adsorbât relativement faibles par rapport aux interactions adsorbât/adsorbât [15].

☐ Les isothermes de type IV et V sont associées aux adsorbants plutôt mésoporeux (diamètre des pores compris entre 2 et 50 nm), voire de certains adsorbants microporeux (type V). Le processus d'adsorption est limité par la saturation. La présence des boucles d'hystérésis dans ces isothermes tient compte de l'existence d'une condensation capillaire dans les pores de l'adsorbant [16].

☐ Les isothermes de types VI sont à marches et sont caractéristiques des surfaces non poreuses où l'adsorption se fait par paliers pour chaque couche. La hauteur des marches représente dans le cas le plus simple l'adsorption d'une couche. La pente de ces marches dépend de la gamme de température utilisée dans l'expérience dans les isothermes d'adsorption de l'eau [14-16].

5.2. Phénomène d'hystérésis

Pour de nombreux produits, les isothermes de désorption et d'adsorption ne coïncident pas. Ce désaccord des isothermes est appelé phénomène d'hystérésis. La quantité d'eau contenue dans le produit est plus élevée en désorption qu'en adsorption pour une même activité de l'eau (figure.1.9). Bien qu'une littérature extrêmement abondante lui a été consacrée [17-19], l'origine du phénomène est encore incertaine. En effet, plusieurs théories ont été proposées pour expliquer le phénomène d'hystérésis dans les produits poreux [19].

Ce phénomène serait associé au bouchage par coalescence des pores lors de l'adsorption. Ainsi les pores internes resteraient vides ou semi-vides ce qui explique les faibles taux d'humidité observés. De plus, le séchage d'un produit peut entraîner des modifications de structure et de porosité irréversibles. Ceci montre qu'il existe une influence de l'histoire du matériau sur ses propriétés hygroscopiques. L'implication technologique de ce phénomène est importante. Pour un produit stocké dans une atmosphère d'humidité relative donnée, la teneur en eau pourrait être très différente selon qu'il se trouve dans une situation d'adsorption ou de désorption ; il résulte une variation importante de sa stabilité [19,20].

Types d'hystérésis

A des pressions relatives au-delà de 0.3 (pression à laquelle la monocouche est souvent complète), il est fréquent d'observer une hystérésis de la courbe de désorption par rapport à la courbe d'adsorption [21,22].

Selon l'IUPAC, on peut identifier quatre types d'hystérésis présentés par la figure (1.9) [22].

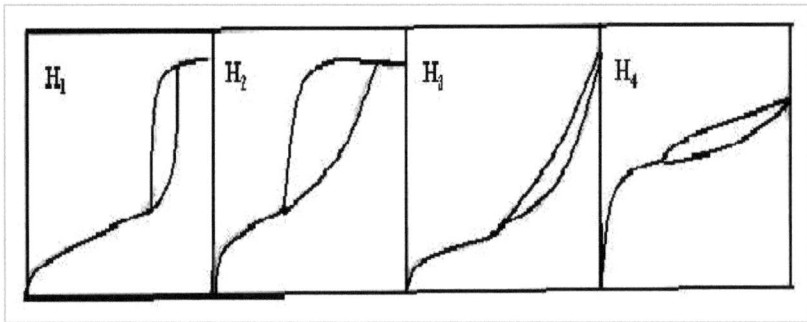

Figure 1.9. Classification par l'IUPAC des différentes boucles d'hystérésis observées [22].

- ☐ La boucle d'hystérésis H_1 présente des branches d'adsorption et de désorption parallèles et presque verticales, elle est observée dans le cas d'adsorbant ayant une distribution très étroite de mésopores [22].
- ☐ La boucle d'hystérésis H_2 est observée dans le cas d'adsorbant ayant des mésopores communicants. La branche de désorption n'est pas toujours reproductible et dépend souvent de la valeur maximale de la quantité adsorbée aux pressions relatives voisines de 1 [22].

❑ La boucle d'hystérésis H_3 est observée dans le cas où l'adsorbant forme des agrégats. Ce type d'hystérésis peut être attribué à une condensation capillaire s'effectuant dans une texture non rigide et n'est pas caractéristique d'une mésoporosité définie.

❑ La boucle d'hystérésis H_4 est souvent observée avec des adsorbants microporeux ayant des feuillets liés entre eux de façon plus au moins rigide et entre lesquels peut se produire une condensation capillaire [22].

L'isotherme de sorption de l'eau présente divers intérêts pratiques et technologiques. Elle renseigne sur la stabilité d'un produit agroalimentaire, de teneur en eau donnée et sur la nature des liaisons de l'eau à la matrice solide. Le terme sorption a été trouvé par Mc Bain (1909) [23] pour décrire les procédés où la matière sèche d'un produit alimentaire se lie d'une manière réversible à l'eau. Cela comprend aussi bien l'adsorption physique ou par condensation capillaire de l'eau à la surface du produit que la déshumidification et le départ de cette eau par désorption. En effet, les courbes de désorption donnent des informations précieuses sur l'équilibre hygroscopique d'un produit du fait qu'elles permettent de connaître son domaine de stabilité après séchage et ceci par détermination de la teneur en eau d'équilibre comme le stockage, la conservation , l'emballage . Par ailleurs, les isothermes d'adsorption servent à optimiser les conditions de stockage d'un produit relativement sec de manière à assurer sa stabilité physicochimique et microbiologique.

6. Modèles d'équilibre d'adsorption

Afin de décrire les caractéristiques d'un système adsorbant/adsorbat plusieurs modèles sont disponibles dans la littérature et qui ont été établis afin de décrire les isothermes d'adsorption de type physique [24-28]. Certains de ces modèles sont fondés sur les théories du mécanisme d'adsorption, d'autres sont purement empiriques ou semi-empiriques. Nous citons dans ce qui suit les modèles semi-empiriques et empiriques les plus connus.

6.1. Modèle de Langmuir

C'est le plus simple modèle basé sur les hypothèses suivantes :

❑ Les molécules sont adsorbées sur des sites bien définis à la surface de l'adsorbant.
❑ Tous les sites sont identiques.

- ❑ Chaque site ne peut fixer qu'une seule molécule, donc l'adsorption est monocouche.
- ❑ L'énergie de chaque molécule adsorbée est indépendante de sa position sur la surface [24].

L'expression de l'isotherme d'adsorption selon Langmuir est donnée empiriquement par la relation suivante :

$$Q = \frac{Q_0 b a_w}{[1 + b a_w]}$$ (1.1)

a_w est l'activité de l'eau, Q est la quantité adsorbée pour a_w donné, Q_0 est la quantité maximale adsorbée, et b une constante empirique à déterminer à partir de l'isotherme d'adsorption qui correspond à la pente de l'isotherme à l'origine [24,25].

Dans la figure.1.10 nous donnons l'allure de l'isotherme d'adsorption convenablement à l'expression du modèle de Langmuir.

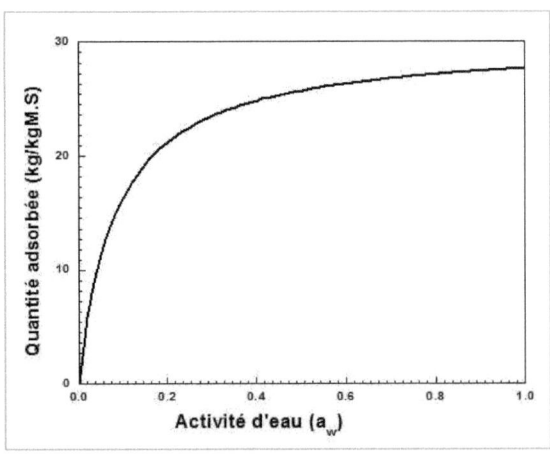

Figure .1.10. Isotherme d'adsorption de Langmuir avec b=12 et Q_0= 30.

6.2. Modèle de Brunauer, Emmett et Teller (B.E.T)

Brunauer, Emmett et Teller ont proposé une généralisation de la théorie de Langmuir appliquée à une adsorption multicouche à la surface du solide. Ces auteurs ont adopté des hypothèses semblables à celles émises par Langmuir [26,27]. La principale différence résulte du fait que les molécules de soluté peuvent s'adsorber sur les sites déjà occupés. Chaque molécule adsorbée sur une couche peut jouer le rôle d'un site récepteur pour la formation de la couche suivante [26,27]. Le modèle de BET est exprimé par l'équation suivante :

$$Q = \frac{Q_0 C a_w}{[1+(C-1)a_w][1-(a_w)]}$$

(1.2)

Q_0 est la quantité adsorbée à la première couche, a_w est l'activité de l'eau et C est une constante.

L'allure de l'évolution de la quantité adsorbée en fonction de l'activité de l'eau est illustrée sur la figure 1.11.

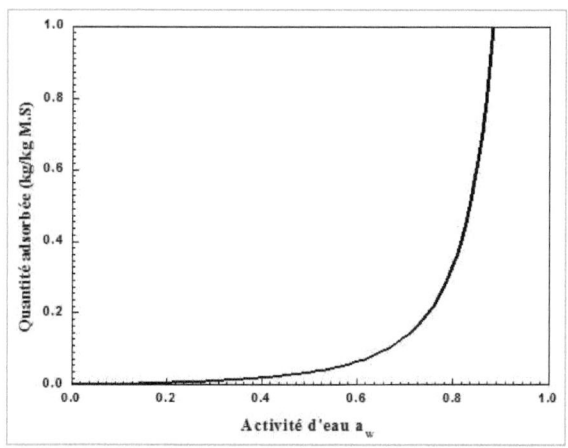

Figure. 1.11. Isotherme d'adsorption selon le modèle de BET (Q_0=2; C=0.04).

6.3. Modèle GAB

La théorie de BET (1938) est améliorée de façon indépendante par Anderson (1946), De Boer (1953) et Guggenheim (1966) [28]. Ils ont supposé que l'énergie d'adsorption de la deuxième à la neuvième couche est intermédiaire entre l'énergie de liquéfaction et l'énergie de la première couche. L'énergie de sorption est égale à celle de la liquéfaction dans toutes les couches suivantes [28]. Le modèle de GAB a été largement utilisé au cours de ces dernières années. Cependant ce modèle peut être appliqué uniquement pour des activités de l'eau jusqu'à environ 0.9 [29]. Les modèles de BET et GAB supposent que l'adsorption se fait sur une surface homogène pour former initialement une couche mono-moléculaire. Puis une adsorption multicouche s'ensuit [28-30]. L'équation GAB est donnée par la relation suivante [30] :

$$Q = \frac{Q_0 c k a_w}{\left[1 + (ka_w)\right]\left[1 - (ka_w) + (cka_w)\right]} \tag{1.3}$$

c et k sont liés aux énergies de sorption de mono et multi couches moléculaires de la vapeur d'eau.

Les paramètres c et k sont des fonctions de la température [30] :

$$c = c_0 \exp\left(-\frac{\Delta H_c}{RT}\right) \tag{1.4}$$

$$k = k_0 \exp\left(-\frac{\Delta H_k}{RT}\right) \tag{1.5}$$

Avec T est la température absolue en (K), R est la constante universelle des gaz parfaits (J mol^{-1}.K^{-1}), c_0 et k_0 sont des constantes, ΔH_c et ΔH_k sont les enthalpies d'adsorption de l'eau qui sont donné par [29, 30]:

$$\Delta H_c = H_m - H_n \tag{1.6}$$

$$\Delta H_k = H_1 - H_n \tag{1.7}$$

Où H_m et H_n sont les enthalpies d'adsorption des mono et multicouches moléculaire d'eau (J mol[-1]) respectivement, tandis que H_1 est la chaleur de condensation de la vapeur d'eau (J mol[-1]) [29, 30].

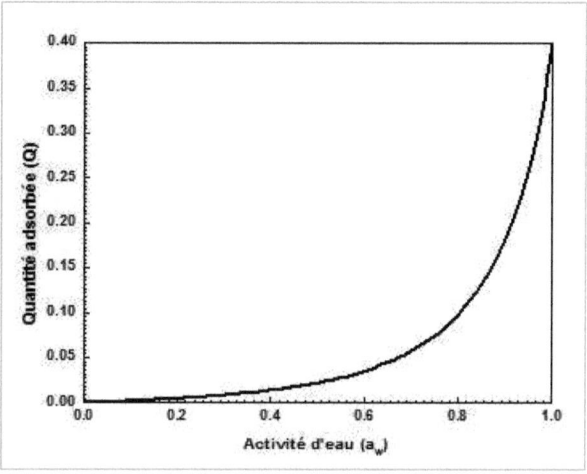

Figure.1.12.Isotherme d'adsorption selon le modèle de GAB (Q_o= 0.08, C=0.80, k=3.5).

6.4. Modèle Halsey

Halsey (1948) a proposé une alternative à l'équation de BET [31] tel qu'un modèle de sorption polymoléculaire. Dans ce modèle il a supposé que l'énergie de liaison de l'adsorbat est la fonction du pouvoir de sorption [31]. Le modèle de Halsey est donné par la relation suivante :

$$Q = \left(\frac{(-A)}{\ln(a_w)} \right)^{1/B} \qquad (1.8)$$

Q est la teneur en eau (kg/kg matière sèche), A et B sont des constantes.

21

L'évolution de la quantité adsorbée en fonction de l'activité de l'eau correspondant au modèle de Halsey est donnée par la figure 1.13.

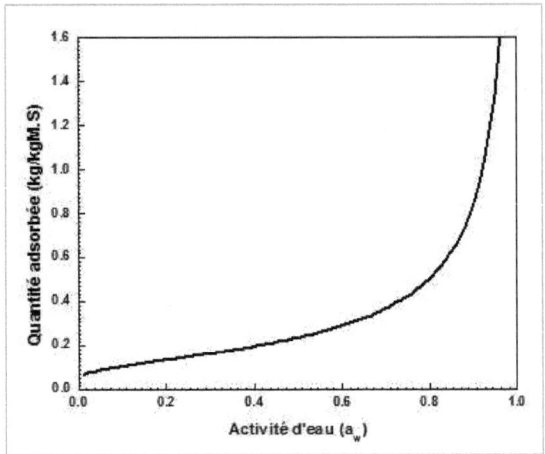

Figure .1.13. : Isotherme d'adsorption selon le modèle de Halsey (A=0.020, B=1.5).

6.5.   Modèle GDW

Dans des travaux récents élaborés, Furmaniak et al. [33-36] proposent un modèle multicouche pour décrire l'adsorption de l'eau du carbone. Ce modèle a été appliqué avec succès pour la description de l'adsorption de l'eau sur des produits alimentaires [34]. Le modèle suppose l'existence de sites d'adsorption où les hypothèses prises sont analogues aux hypothèses de Langmuir [34-35]. Les molécules d'eau adsorbées se transforment en sites secondaires [37]. Le modèle est nommé GDW et s'écrit sous la forme :

$$Q = \frac{Q_0 K a_w}{1 + K a_w} \cdot \frac{1 - k(1-m)a_w}{1 - k a_w} \tag{1.9}$$

Où Q_0 est la concentration des sites de surface actifs primaires, K et k sont des constantes cinétiques relatives à l'adsorption des sites de sorption primaire et secondaire, respectivement. Le coefficient, m, détermine le rapport des molécules d'eau adsorbées sur les sites primaires qui est pris comme des sites secondaires.

L'allure de l'évolution de la quantité adsorbée en fonction de l'activité de l'eau selon le modèle GDW est illustrée sur la figure. 1.14

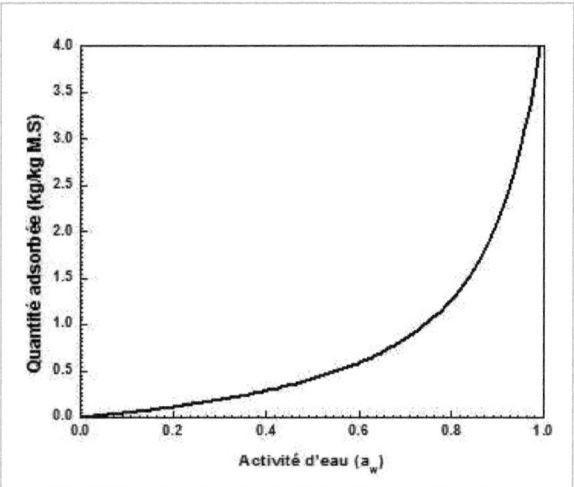

Figure.1.14. Isotherme d'adsorption selon le modèle de GDW (Q_o= 0.4, K=0.90, k=0.30, w=0.4).

La figure 1.15 est un schéma explicatif qui décrit le mécanisme de sorption général de l'eau sur les produits alimentaires pour les modèles de GAB et GDW :

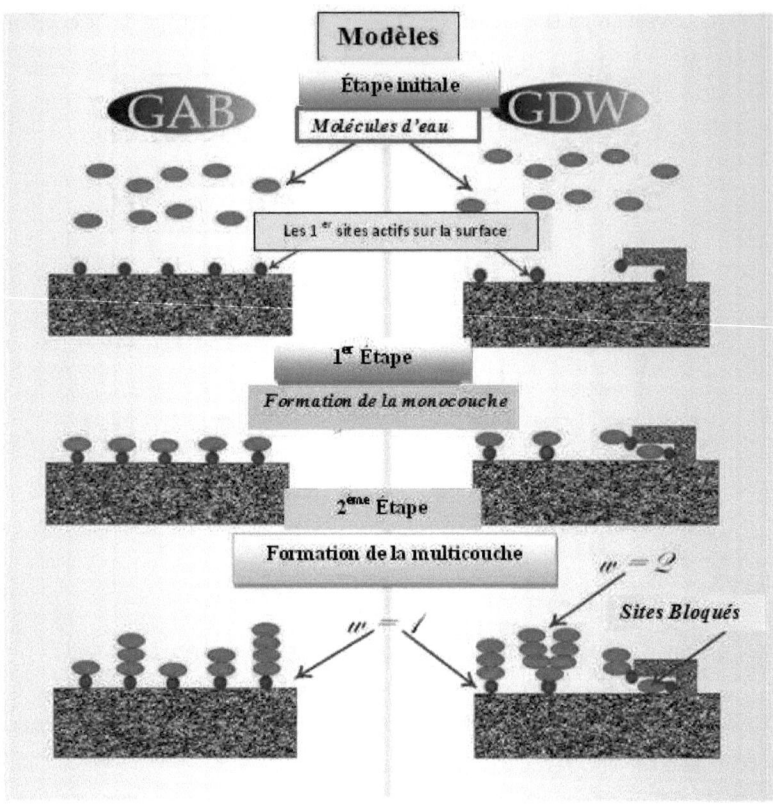

Figure. 1.15. Représentation schématique du mécanisme d'adsorption de la vapeur d'eau sur les produits alimentaires pour les modèles de GAB et GDW [35].

Le GDW présente une étape supplémentaire par rapport au modèle GAB qui consiste à supposer la présence des sites récepteurs convertis en sites secondaires qui bloquent l'adsorption sur la première couche.

7. Porosité

Description générale

Les milieux poreux sont des matrices solides possédant des espaces vides interconnectés ou non à travers lesquels un fluide peut s'écouler. Les cavités, canaux ou interstices qui constituent ces milieux sont appelés pores et sont par définition plus profonds que larges. L'accessibilité d'un fluide au milieu poreux va dépendre de la taille des pores qui peut être classée, d'après les recommandations prévues par l'IUPAC (International Union of Pure and Applied Chemestry), en trois catégories [39-41] (Figure 1.16) :

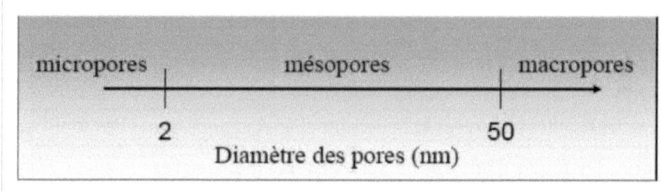

Figure 1.16. Classification des pores en fonction de leurs tailles [41].

A l'intérieur d'un solide, plusieurs types de pores, peuvent coexister. A savoir (*Figure*1.17), les pores fermés (*a*) isolés de leurs voisins et les pores ouverts (*b, c, d*), qui communiquent avec la surface externe [40-41]. L'observation des milieux poreux montre aussi que les pores se distinguent par leur forme qui peut être (pour ne citer que quelques exemples), sphérique, en fente ou en bouteille (*c*). La description d'un milieu poreux peut s'avérer relativement complexe car il existe généralement, au sein de la même structure, une distribution de la taille et de la forme des pores, qui peuvent eux-mêmes être interconnectés ou non [39-41].

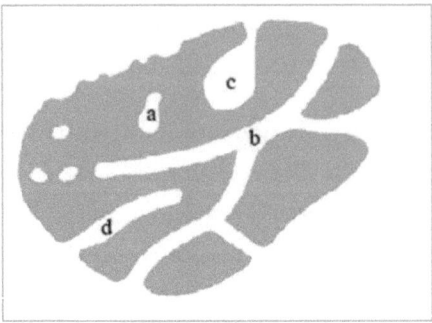

Figure 1.17. Représentation schématique de la coupe transversale d'un milieu poreux [40].

D'un milieu poreux à un autre, le nombre, la taille ou encore la forme des pores est susceptible de varier, ce qui explique alors la grande diversité de structures poreuses naturelles ou artificielles observées et le nombre d'applications dont elles font l'objet. Dans les micropores, les forces d'adsorption sont généralement élevées. L'adsorption y est en monocouche à cause du volume formé par la taille des pores. Le paramètre essentiel caractérisant les micropores est donc leur volume par unité de masse de solide. Dans le cas des mésopores dont les parois sont ´éloignées, le potentiel d'adsorption est relativement plus faible que dans les micropores [39-40]. La taille des pores permet donc la formation d'une couche multimoléculaire. Les mésopores et les macrospores peuvent provoquer la condensation de l'adsorbable à des pressions inférieure à sa pression de saturation. Le pore se remplit alors de liquide, c'est la condensation capillaire [40-42]. La Figure 1.18 illustre les mécanismes d'adsorption dans les différentes tailles de pores.

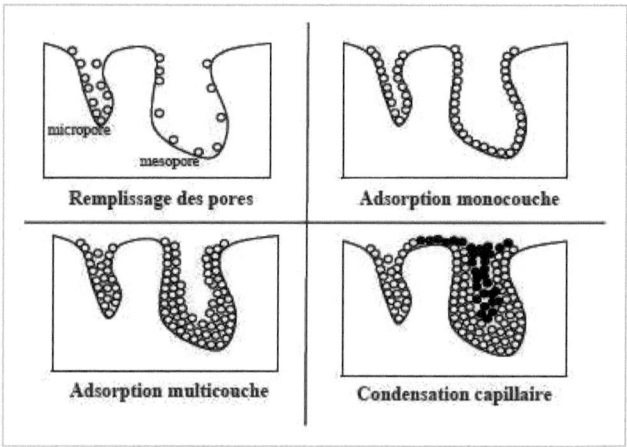

Figure 1.18. Mécanismes d'adsorption dans les différents pores [41].

Le désordre géométrique et l'hétérogénéité de la structure chimique des surfaces ont un grand effet sur les processus d'adsorption. Ainsi, ils induisent une hétérogénéité énergétique de la surface. Généralement, la nature de cette hétérogénéité est liée au solide au début dès sa fabrication [42] (traitement thermique, refroidissement, frittage) jusqu'au moment où il est analysé (stockage, échantillonnage...) [42].

Les irrégularités sont l'une des propriétés générales de la surface solide. En plus des imperfections de surface de dimensions moléculaires tels que des fissures, des dislocations et défauts microscopiques, la plupart des surfaces ont plus d'une face avec différentes propriétés d'adsorption [43-47]. Ainsi, une surface hétérogène est définie par une répartition de potentiel d'adsorption [48]. Fréquemment, les sites ayant la même énergie sont regroupés dans des phases et chaque phase de surface est caractérisée par un potentiel donné. Un certain nombre de phases de surface peuvent coexister à une pression d'équilibre donnée. A l'équilibre, chaque phase a le même potentiel chimique, mais les concentrations de surface d'étalement et les pressions nécessaires pour atteindre cette égalité sont différents. L'hétérogénéité de la surface peut être détectée en examinant les variations de la chaleur isostérique d'adsorption. Les premières molécules arrivant à la surface nue sont adsorbées sur les sites les plus actifs, et le processus d'adsorption se déroule seulement sur ces sites jusqu'à leur remplissage pour que les sites les moins actifs commencent à s'adsorber [45].

Le degré d'hétérogénéité de la surface de l'adsorbant joue un rôle important dans la détermination de la forme des isothermes d'adsorption. Les travaux théoriques sur l'adsorption multimoléculaire sur une surface homogène ont montré que la formation de multicouches sur une surface homogène doit conduire par étape à une isotherme d'adsorption [47-48]. Même si peu de ces isothermes ont été signalées, la majorité des isothermes d'adsorption multicouches illustrent l'influence de l'hétérogénéité de surface. Les sites peuvent être regroupés ou répartis d'une manière aléatoire. Le dernier cas est difficile à envisager alors que si nous supposons que les sites sont localement regroupés sur une surface élémentaire, la surface totale sera divisée en plusieurs surfaces élémentaires contenant des sites ayant la même énergie. Comme représenté par Ross et Olivier [47], la distribution des énergies d'adsorption peut être représentée par une fonction de distribution continue, et l'équilibre d'adsorption à une pression donnée peut être représenté localement par une équation isotherme homogène. La surface globale est décrite énergétiquement par une fonction f(e). L'équation de l'isotherme globale est alors obtenue par l'intégration de la contribution de chaque surface. Ainsi l'isotherme d'adsorption hétérogène est donnée par la relation suivante [47] :

$$Q\ a_w, T\ =\ \int_{e_{min}}^{e_{max}} Q_a\ a_w, T, e\ f\ e\ d\ e \qquad\qquad 1.11$$

où f(e) est la fonction de distribution d'énergie, $Q\ (a_w, T)$ est l'isotherme d'adsorption d'ensemble sur la surface hétérogène et $Q_a\ (a_w, T, e)$ est une isotherme d'adsorption locale pour les sites d'adsorption e.

L'intégration entre les limites e_{min} et e_{max} dans l'équation (1.11) correspond respectivement, à un site qui a une énergie d'adsorption minimale et un site ayant une énergie maximale. Ces limites ne sont pas en général connues, mais elles sont souvent prises de 0 à l'infini [49-51].

$$\int_0^{\infty} f\ e\ de = 1 \qquad\qquad (1.11.a)$$

Considérons $d\delta_i$ la fraction de la surface ayant des énergies comprises entre e et $e+de$, la somme de $d\delta_i$, sur toutes les valeurs autorisées de e sera égale à l'unité :

$$\int_0^\infty d\delta_i = 1 \qquad\qquad (1.11.b)$$

Toute fonction de distribution physique significative devrait satisfaire la plus haute exigence de normalisation. Nous verrons ultérieurement qu'un choix convenable de l'isotherme locale permet de déduire la distribution d'énergie d'une manière simple.

La plupart des modèles rencontrés dans la littérature contiennent des paramètres qui sont purement empiriques ou semi empiriques qui n'ont pas en général une signification physique et aucun lien explicite avec les paramètres physicochimiques intervenant dans le processus de l'adsorption et la désorption. Il est donc utile de trouver des modèles qui présentent dans leurs expressions des paramètres en relation avec les paramètres physicochimiques de la sorption afin de surmonter les difficultés rencontrées avec les modèles classiques. Nous avons essayé d'appliquer des modèles par la physique statistique, qui sont établi dans notre équipe, pour les isothermes expérimentales d'adsorption et désorption des produits alimentaires.

8. Apport de la physique statistique

Suivant une formulation proposée par Gibbs on peut étudier un système en se référant non pas à un système unique, mais à une collection d'un nombre extrêmement grand de systèmes identiques. Cette collection de systèmes, dans des états microscopiques différents donnant le même état macroscopique, constitue un ensemble statistique, appelé également ensemble de Gibbs [52].

8.1. Ensembles Statistiques

Suivant Gibbs il existe principalement trois types d'ensembles statistiques :

❏ Ensemble microcanonique: Cette situation est envisagée par un système isolé de telle sorte que son énergie interne U est théoriquement bien déterminée et le nombre de particules est constant. En fait, un système n'est jamais parfaitement isolé et son énergie est déterminée avec une incertitude δU [53,p36].

☐ **Ensemble canonique:** Si le système, au lieu d'être isolé, est en contact avec un thermostat dont la température est T, on peut considérer que sa température est bien déterminée mais que son énergie fluctue autour d'une valeur moyenne U du fait de l'échange constant entre le système et le thermostat. Ce système est fermé et n'échange pas de particules avec l'extérieur. Ainsi les différents paramètres décrivant ce système tels que la température, le nombre de particules et le volume sont constants [53,p36].

☐ **Ensemble grand-canonique:** Il s'agit d'un système en équilibre avec un réservoir de particules et un thermostat de chaleur. Le nombre de particules et l'énergie interne du système sont variables. Le potentiel chimique et la température sont fixés [53,p36].

Pour caractériser le phénomène de l'adsorption on peut appliquer le formalisme de l'ensemble grand canonique en supposant que notre système, maintenu à une température T, et un potentiel chimique μ fixé est constitué par l'ensemble des molécules adsorbées et la phase libre constitue le réservoir de particules [53,p36].

8.2. Hypothèses

Nous supposons que le système est constitué d'un nombre N de molécules d'eau à l'état vapeur et la surface contient N_M sites récepteurs. L'adsorption de molécules d'adsorbat (A) sur un site récepteur (S) peut être schématisée par la réaction suivante [53,p37-55]:

$$nA + S \Leftrightarrow A_nS \qquad (1.12)$$

avec n un coefficient stœchiométrique qui représente le nombre de molécules par site, A est la molécule de vapeur d'eau adsorbée, S représente le site récepteur et A_nS est le complexe adsorbat - adsorbant formé [53 p37-55].

Nous adoptons les hypothèses simplificatrices suivantes :

i.   Le phénomène d'adsorption est un processus d'échange de particules de l'état libre à l'état adsorbé. Son étude peut être mieux développée par l'ensemble grand-canonique pour tenir compte de la variation du nombre de molécules en introduisant le potentiel chimique au cours du processus. Notre système global est en réalité canonique. Mais, vu qu'il est macroscopique, nous sommes à la limite thermo- dynamique et les fluctuations sont négligeables. Les deux ensembles canonique et grand-canonique sont alors équivalents, ce qui nous permet d'étudier le système à l'aide de la technique grand-canonique et d'interpréter canoniquement les résultats [54-56].

ii. Comme première approche nous négligeons les interactions propres entre les molécules adsorbées et avec l'adsorbant. Donc les molécules adsorbées sont traitées comme un gaz parfait [52, 55,56].

iii. On néglige les degrés de liberté interne de la molécule et nous tenons compte seulement des degrés de liberté de translation [56-57]. La fonction de partition de translation s'écrit [56-57]:

$$z_{tr} = V \left(\frac{2\pi m k_B T}{h^2} \right)^{3/2}$$

(1.13)

où m est la masse d'une molécule adsorbée, V le volume du gaz et h la constante de Planck.

L'étude des divers degrés de liberté microscopiques peut inclure en plus de la translation des mouvements qui peuvent être analysés en termes de vibrations et de rotations des édifices moléculaires. Si on analyse par ailleurs l'énergie des molécules en remontant au niveau des noyaux et des électrons, on doit penser aussi au terme d'énergie électronique [55,58]. Une idée essentielle est que dans une gamme de températures données, les degrés de liberté interne peuvent être soit thermiquement non activés, soit partiellement ou totalement excités.

On associe à chaque degré de liberté, une énergie : chaque énergie a une échelle caractéristique dans une gamme de température donnée et il n'y a pas lieu de considérer tous les degrés de liberté interne d'un système [54,56,58,60].

Trouver la molécule dans des états très excités de ces divers degrés de liberté va dépendre crucialement de leur échelle caractéristique d'énergie mesurée par rapport à $k_B T$. Les échelles d'énergie des molécules (ε/k_B) évaluées en Kelvin et pertinentes pour la thermodynamique sont résumées dans le tableau 1.3.

Translation	Rotation	Vibration	Electronique
10^{-15} K	0.5 à 85 K	500 à 6000 K	≥ 15000 K

TABLEAU.1.3 : Ordre de grandeur des échelles microscopiques caractéristiques de l'excitation des divers degrés de liberté internes des atomes et molécules polyatomiques [53, p74 ,61].

Nous n'avons en première approche tenu compte que du degré de liberté de translation. Ceci veut dire (à partir des ordres de grandeur des énergies données dans le tableau) que nous avons négligé l'effet des degrés de liberté internes de vibration et rotation. Le degré de liberté électronique et à fortiori nucléaire des molécules sont gelés [53, p74 ,61].

8.3. Fonction de partition

La fonction de partition grand canonique totale liée à N_M sites récepteurs par unité de surface, que nous avons supposés identiques, est égale à [54 ,56,60] :

$$Z_{gc} = (z_{gc})^{N_M}$$

(1.14)

8.4. Nombre de molécules adsorbées

Le nombre moyen d'occupation est par définition [53] :

$$N_0 = \sum_i N_{pi} P_i$$

(1.15)

où N_i est le nombre de sites dans l'état i et P_i est la probabilité de présence dans le même état tel que $P_i = \dfrac{1}{Z_{gc}} e^{-(\varepsilon_i - \mu)} \dfrac{N_i}{k_B T}$

(1.16)

Ainsi le nombre de molécules adsorbées s'écrit comme suit [53-56] :

$$Q = n \times N_0 \qquad (1.17)$$

Nous pouvons définir le nombre d'ancrage comme étant $n'=1/n$, c'est-à-dire le nombre de sites sur lesquels une molécule peut être adsorbée.

8.5.   Modèle BET modifié

Dans des travaux antérieurs, un nouveau modèle similaire à celui de BET a été appliqué pour les isothermes d'adsorption de l'eau dans les aliments par Knani et al [55,59]. Ils ont supposé que la première molécule s'adsorbe sur la surface avec une énergie ε_1 et les autres molécules s'adsorbent avec une énergie ε_2 tel que $\varepsilon_1 > \varepsilon_2 > 0$ [59]. En effet, ce choix d'énergies repose sur l'existence de deux types d'interactions, la première est une interaction eau-adsorbant et la deuxième est une interaction eau-eau à l'état adsorbé. Par conséquent, le nombre d'occupation Ni prend des valeurs de zéro à l'infinie [59].

$$Q = \frac{Q_0}{\left[\left(\dfrac{a_1}{a_w} \right)^n - \left(\dfrac{a_1}{a_2} \right)^n + 1 \right]\left[1 - \left(\dfrac{a_w}{a_2} \right)^n \right]} \qquad (1.18)$$

$Q_0 = n^*N_M$ est la quantité de molécules adsorbées à la première couche. Ce modèle, à l'inverse des précédents mais basé plutôt sur la physique statistique présente quatre paramètres ajustables qui sont la quantité adsorbée monocouche Q_0, le nombre de molécules par site n et deux constantes énergétiques a_1 et a_2. Il constitue une forme modifiée plus générale du modèle de BET faisant intervenir en plus un coefficient stœchiométrique n.

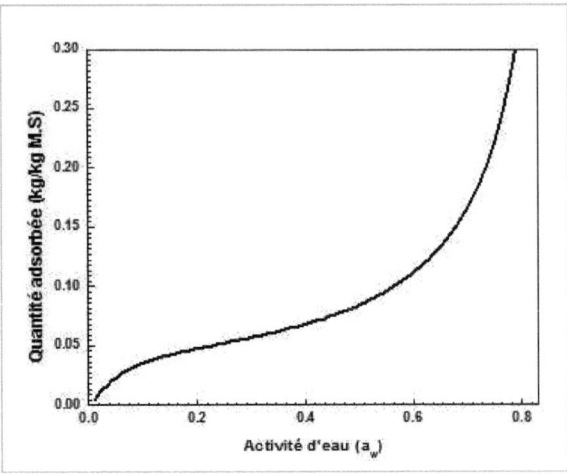

Figure.1.19. Isotherme d'adsorption selon le modèle de BET modifié (Q_o= 0.04, n=1.34,a_1=0.052, a_2= 0.896).

9. Conclusion

Dans le présent chapitre nous avons présenté un rappel bibliographique du processus de sorption de l'eau tout en rappelant les différentes terminologies utilisées dans ce domaine de recherche. Nous avons également présenté quelques modèles empiriques et un modèle BET modifié basé sur la physique statistique fréquemment rencontrés dans la littérature. Nous avons vu que les modèles empiriques présentent des inconvénients soit sur le plan des interprétations soit sur le plan de l'exploitation des résultats expérimentaux. Les paramètres que contiennent ces modèles ne décrivent pas en général les paramètres physico-chimiques intervenant dans le processus d'adsorption sauf le modèle de BET modifié. Il est donc utile de chercher d'autres méthodes de modélisation des isothermes d'adsorption afin de surmonter les difficultés rencontrées avec les modèles déjà présentés dans ce chapitre, en particulier les tailles des pores et la surface hétérogène. La détermination expérimentale des isothermes des produits agroalimentaires est l'objet du chapitre suivant.

Références

[1] F. Edeline, "L'épuration physico-chimique des eaux: thèorie et technologie",Edition cebedoc, Lavoisier (1992).

[2] L. Robel, "Opération unitaire (Adsorption) : Extractions Fluide/Fluide et Fluide/Solide" Technique d'ingénieur, J 2730 (2003).

[3] M. Jelly, et Lurgi, "le charbon actif en grain dans le traitement des eaux résiduaires et dès sa régénération Information chimique" n°166, (1997).

[4] E. C. Chitour, P"hysicochimie des surfaces", offices des publications universitaires 87-100, (2004).

[5] S. Brunauer, "The adsorption of gases and vapours", Oxford University Press (1944).

[6] International Union of Pure and Applied Chemistry, "Commission on Colloid and Surface Chemistry Including Catalysis", 57, 603–619 (1985).

[7] M. Hemati, "L'adsorption industrielle", INP, Ensiacet.

[8] M. Frénol, E. Vierling, "Biochimie des aliments Diététique du sujet bien portant", Science des aliments, 2 éditions, Biosciences et Techniques (2001).

[9] S. Madrau, Caractérisation des adsorbants pour la purification de l'hydrogène par adsorption modulée en pression, **Thèse de doctorat**, Institut national polytechnique de Lorraine, Vandoeuvre-lès-Nancy, France (1999).

[10] S. Basu, U. S. Shivhare, A. S. Mujumdar, "Models for sorption isotherms for foods: A Review", *Drying Technology*, 24, 917-930 (2006).

[11] M. Mathlouthi, B. Rogé, "Water vapour sorption isotherms and the caking of food powders", *Food Chemistry*, 82, 61-71 (2003).

[12] A. H. Al-Muhtaseb, W. A. M. McMinn, T. R. A. Magee, "Moisture sorption isotherm characteristics of food products:A review", *Transactions of the Institution of Chemical Engineers*, 80, 118–128 (2002).

[13] C. Thien, "Adsorption calculations and modeling. Representation, correlation, and prediction of single-component adsorption equilibrium data, In Series in Chemical Engineering", Butterworth, Heinemann, London (1994).

[14] P. Le Cloirec, G. Dagois, G. Martin, "Traitements avec transfert gaz solide, L'adsorption. Odeurs et désodorisation dans l'environnement", TEC & DOC- Lavoisier, Paris, 313-357 (1991).

[15] S. Brunauer, H. P. Emmett, E. Teller, "Adsorption of gases in multimolecular layers", *Journal of the American Chemical Society*, 60,309-19 (1938).

[16] Sonia Lequin, "Etude de l'adsorption et de la diffusion, en phase gazeuse, de petites molécules actives du vin dans le liège", **Thèse de doctorat**, Université de Bourgogne (2010).

[17] W. S. K. Sing, H. D. Everett, W. A. R. Haul, L. Moscou, A. R. Pierotti, J. Rouquerol, T. Siemieniewska, "Reporting physisorption data for gas/solid systems", *Pure & Applied Chemistry*, 57,603-619 (1985).

[18] R. Moreira, F. Chenlo, J. M. Va´zquez , P. Camea´n, "Sorption isotherms of turnip top leaves and stems in the temperature range from 298 to 328 K", *Journal of Food Engineering*, 71, 193–199 (2005).

[19] Z. Yan, J. M. Sousa-Gallagher, R. A. F. Oliveira, "Sorption isotherms and moisture sorption hysteresis of intermediate moisture content banana". *Journal of Food Engineering*, 86, 342-348 (2008).

[20] J. O. Oyelade, Y. T. Tunde-Akintunde, C. J. Igbeka, "Predictive equilibrium moisture content equations for yam (Dioscorea rotundata, Poir) flour and hysteresis phenomena under practical storage conditions", *Journal of Food Engineering*, 87, 229-235 (2008).

[21] M. Le Meste, D. Lorient, D. Simatos, "L'eau dans les aliments, aspects fondamentaux, signification dans les propriétés sensorielles des aliments et dans la conduite des procédés", Editions Lavoisier, Paris (2002).

[22] C. Van der Berg, S. Bruin, "Water activity and its estimation in food systems; Theoretical aspects. L. B. Rockland & G. F. Stewart (Eds.), Water activity: influences on food quality", New York: Academic Press Inc, 1–61 (1981).

[23] W. J. McBain, Phil. Mag, 18, 916 (1909).

[24] M. Abdelbassat Slasli, "Modélisation de l'adsorption par les charbons microporeux: Approche théorique et expérimentale", **Thèse de Doctorat**, Université de Neuchâtel, Faculté des sciences (2002).

[25] J. Fripiat, J. Chaussidon, A. Jelli, "Chimie-Physique des phénomènes de surface: Application aux oxydes et aux silicates", *Masson and Cie*, Paris (1971).

[26] I. Langmuir, Journal of the American Chemical Society, 40, 1361 (1918).

[27] I. Edgardo, Segarra, D. Edgardo, and Gland, "Model Microporous Carbons: Microstructure, Surface Polarity and Gas adsorption", *Chemical Engineering Society*, 49(17), 2953–2965, (1994).

[28] C. Van den Berg, "Development of B.E.T. like models for sorption of water of foods; theory and relevance", In D Simatos, and J. L. Multon (Eds), *Properties of water in foods*, 119–135 (1985).

[29] C. T. Kiranoudis, Z. B. Maroulis, E. Tsami, D. Marinos-Kouris, "Equilibrium Moisture Content and Heat of Desorption of Some Vegetables". *Journal of Food Engineering*, 20, 55-74 (1993).

[30] N. H. Dural, A. L. Hines, "A New Theoretical Isotherm Equation for Water Vapor Food Systems: Multilayer Adsorption on Heterogeneous Surfaces". *Journal of Food Engineering*, 20, 75-96 (1993).

[31] G. Halsey, "Physical adsorption on non-uniform surfaces". *Journal of Chemical Physics*, 16, 931-937 (1948).

[32] P. T. Labuza, A. Kaanane, Y. J. Chen, "Effect of temperature on the moisture sorption isotherms and water activity shift of two dehydrated foods", *Journal of Food Science*, 50, 385-391 (1985).

[33] S. Furmaniak, A. P. Gauden, P. A. Terzyk, G. Rychlicki, P. R. Wesołowski, P. Kowalczyk, "Heterogeneous Do–Do model of water adsorption on carbons", *Journal of Colloid and Interface Science*, 290, 1–13 (2005).

[34] S. Furmaniak, P. A. Terzyk, A. P. Gauden, G. Rychlicki, "Parameterisation of the corrected Dubinin–Serpinsky adsorption isotherm equation", *Journal of Colloid and Interface Science*, 291, 600–605 (2005).

[35] S. Furmaniak, P. A. Terzyk, A. P. Gauden, The general mechanism of water sorption on foodstuffs – Importance of the multitemperature fitting of data and the hierarchy of models. *Journal of Food Engineering*, 82, 528–535 (2007).

[36] S. Furmaniak, P. A. Terzyk, R. Gołembiewski, A. P. Gauden, L. Czepirski, "Searching the most optimal model of water sorption on foodstuffs in the whole range of relative humidity", *Food Research International*, 42, 1203–1214 (2009).

[37] M. M. Dubinin, V. V. Serpinsky, "Isotherm equation for water vapor adsorption by microporous carbonaceous adsorbents", *Carbon*, 19, 402–403 (1981).

[38] "Etude sur les coûts de la réduction des rejets de substances toxiques" – *Fiches Traitements*.

[39] H. D. Everett, "IUPAC Manual of Symbols and Terminology for Physicochemical Quantities and Units, Appendix II: Definitions, Terminology and Symbols in Colloid and Surface Chemistry", *Pure and Applied Chemistry*, 31, 577-638 (1972).

[40] J. Rouquérol, D. Avnir, C. W. Fairbridge, H. D. Everett, H. J. Haynes, N. Pernicone, F. D. J. Ramsay, W. S. K. Sing, K. K. Unger, "Recommendations for the Characterization of Porous Solids", *Pure and Applied Chemistry*, 66, 1739-1758 (1994).

[41] A. Taguchi, F. Schüth, "Ordered Mesoporous Materials in Catalysis, Micropor. Mesopor", Mater, 1-45 (2005).

[42] Sébastien Comte, "Couplage de la chromatographique gazeuse inverse à un générateur d'humidité : Etude de l'hydrophile de surface de solides divisés et des limites de la technique", **Thèse doctorale**, Institut national polytechnique de Toulouse **(2004)**.

[43] J. J. BikerrmanSt.@ace Chemistry: Theory and Applications, Academic Press, New York **(1958)**.

[44] M. R. Barrer, W. D. Riley, "Influence of ion exchange upon intracrystalline sorption", *Trans. Faraday Sot*, **46 (1),853-86 (1950)**.

[45] A. Clark, "The Theory of Adsorption Catalysis", Academic Press, New York **(1970)**.

[46] P. T. Labuza, "Moisture Sorption: Practical Aspects of Isotherm Measurement and Use", AACC, St. Paul, Minnesota **(1984)**.

[47] S. Ross, P. J. Olivier, "On Physical Adsorption". *Wiley*, New York **(1964)**.

[48] M. D. Young, D. A. Crowell, "Physical Adsorption of Gases. Butterworths, London **(1962)**.

[49] M. W. Champion, D. G. Halsey, "Physical adsorption of uniform surfaces". *The Journal of Physical Chemistry*, **57, 1896–1946 (1953)**.

[50] N. H. Dural & A. L. Hines, "A New Theoretical Isotherm Equation for Water Vapor-Food Systems: Multilayer Adsorption on Heterogeneous Surfaces", *Journal of Food Engineering*, **20, 75-96 (1993)**.

[51] G. C. Maitland, M. Rigby, B. E. Smith, W. A. Wakeham, Intermolecular Force; Their Origin and Determination, Clarendon Press, Oxford **(1987)**.

[52] B. Diu, C. Guthmann, D. Lederer, B. Roulet, Physique Statistique: Hermann Paris (1989).

[53] S. Knani, Contribution à l'étude de la gustation des molécules sucrées à travers un processus d'adsorption. Modélisation par la physique statistique, **Thèse de Doctorat**, Faculté des Sciences de Monastir et Université de Reims Champagne Ardenne **(2007)**.

[54] S. Knani, M. Khalfaoui, M. A. Hachicha, A. Ben Lamine, M. Mathlouthi, Modeling of water vapor adsorption on foods products by a statistical physics treatment using the grand canonical ensemble. *Food Chemistry*, **132, 1686–1692 (2012)**.

[55] S. Knani, M. Khalfaoui, M. A. Hachicha, M. Mathlouthi, A. Ben Lamine, Interpretation of psychophysics response curves using statistical physics, *Food Chemistry*, **151, 487–499 (2014)**.

[56] A. Ben Lamine, Y. Bouazra, Application of statistical thermodynamics to the olfaction mechanism. *Chemical Senses*, **22, 67–75 (1997)**.

[57] M. Khalfaoui, S. Knani, M. A. Hachicha, A. Ben Lamine, New theoretical expressions for the five adsorption type isotherms classified by BET based on statistical physics treatment. *Journal of Colloid and Interface Science*, **263, 350–356 (2003)**.

[58] L. Couture, R. Zitoun, Physique Statistique : Ellipses Paris **(1992)**.

[59] S. Knani, F. Aouaini, N. Bahloul, M. Khalfaoui, M. A. Hachicha, A. Ben Lamine, N. Kechaou, Modeling of adsorption isotherms of water vapor on Tunisian olive leaves using statistical mechanical formulation, *Physica* A, **400, 57–70 (2014)**.

[60] F. Aouaini, S. Knani, M. Ben Yahia, N. Bahloul, N. Kechaou, A. Ben Lamine, Application of Statistical Physics on the Modeling of Water Vapor Desorption Isotherms. *Drying Technology*, **32, 1905-1922 (2014)**.

[61] www.cpt.jussieu.fr/ users / lhuilier / coursCLhuillier.htm.

Détermination Expérimentale des Isothermes de Sorption de l'Eau

1. Introduction

Les produits agroalimentaires sont le siège d'un ensemble de transformations physico-chimiques qui dépendent en grande partie de l'état de l'eau, de sa disponibilité au sein d'une matrice complexe et de sa mobilité. L'état de l'eau et les liaisons avec les autres constituants du produit agroalimentaire peuvent être approchées à partir de deux notions : la teneur en eau (Q) et l'activité de l'eau (a_w). La relation entre ces deux paramètres est un facteur essentiel dans les procédés de séchage, de mélange, de stockage et de formulation des produits agroalimentaires frais ou transformés. La température constitue le paramètre indispensable associé. Pour un produit donné la teneur en eau, l'activité de l'eau et la température sont directement liées aux modifications des propriétés physico-chimiques et aux vitesses de réactions, voulues ou non, tout au long de la vie de ce produit.

2. Teneur en eau

La teneur en eau d'un matériau hygroscopique ou l'humidité absolue est définie par la masse de la quantité d'eau contenue dans un produit exprimée en pourcentage de la masse sèche de ce produit [1,2]. Cette valeur est importante pour tous les produits alimentaires. Elle est donnée par :

$$Q = \frac{M_h - M_s}{M_s} \qquad (2.1)$$

Avec Q = Teneur en eau d'équilibre **(kg d'eau/kg Matière sèche)**

M_s = Masse sèche.

M_h = Masse humide.

3. Activité de l'eau

Si le produit est en équilibre hygroscopique avec l'air qui l'entoure, l'activité de l'eau a_w, est définie comme suit : $a_w = \dfrac{P}{P_{VS}} = \dfrac{HR(\%)}{100}$ (2.2)

Avec P= Pression partielle de vapeur d'eau dans l'air (Pa).

P_{vs}= Pression partielle de la vapeur saturante de l'eau.

HR= humidité relative de l'air (%).

L'activité de l'eau (a_w) est la mesure du degré de liberté de l'eau retenue de diverses façons au produit hygroscopique [3]. L'activité de l'eau détermine directement les propriétés physiques, mécaniques, chimiques et microbiologiques d'un matériau hygroscopique [3]. La figure (2.1) illustre l'importance de l'activité d'eau dans un produit pour la conservation des denrées alimentaires [4] :

- Pour a_w<0.9, la plupart des bactéries nocives cessent de croitre dans le produit alimentaire donné.
- Pou a_w<0.8, beaucoup d'enzymes sont inactifs.
- Pour a_w<0.75, la prolifération des bactéries halophiles est arrêtée.
- Pour 0.8<a_w<0.7, les réactions de Maillard (brunissement non enzymatique des sucres en présence de groupement aminés) présentent un maximum.

La zone optimale de conservation des produits, sans additifs ni réfrigération correspond à la valeur d'activité a_w comprise entre 0.25 et 0.35 [4].

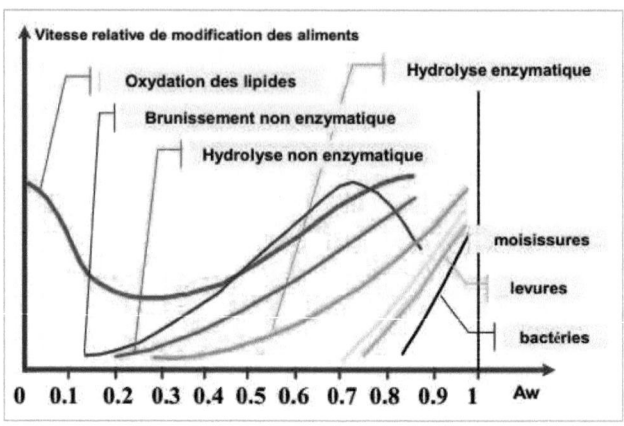

Figure.2.1. Vitesse de détérioration des aliments en fonction de l'activité d'eau [6].

Importance de l'activité de l'eau

L'activité de l'eau rend compte globalement de l'intensité avec laquelle l'eau est associée à l'ensemble des autres constituants du produit. Elle renseigne sur la quantité d'eau accessible ou disponible pour participer à des propriétés fonctionnelles dans le milieu [4,6]. La notion d'activité de l'eau est primordiale dans le domaine agroalimentaire et pharmaceutique puisqu'elle permet de mettre en œuvre une stratégie de protection des produits en contrôlant les détériorations physicochimiques, les activités enzymatiques et la multiplication des populations microbiennes. En effet, pour qu'un produit agroalimentaire puisse se conserver, son activité doit en général être abaissée en dessous de 0.6; seuil en dessous duquel les moisissures ne peuvent plus se développer [6].

4. Conservation des produits agroalimentaires

La valorisation des plantes médicinales est régulièrement soulevée avec l'accentuation des problèmes liés à leurs modes de récolte et de conservation [5]. En effet, le transfert de l'eau est omniprésent dans les procédés de conservation ou de transformation des produits agroalimentaires [6]. Ce transfert contrôle les évolutions microbiologiques et biochimiques qui elles même déterminent la stabilité des produits finis ou semi finis. L'impact de l'eau en interaction avec les autres constituants du produit peut être approché soit par sa teneur en eau soit par l'activité de l'eau qui quantifie l'énergie de liaison avec la matière sèche du produit [7-8]. Les mécanismes physiques qui contrôlent les transferts de masse et de chaleur à l'intérieur du produit sont divers. Ils dépendent des caractéristiques du produit, notamment de sa structure et de sa composition mais aussi des procédés de séchage utilisés pour générer ces transferts. Devant une telle complexité, les scientifiques ont recours à l'expérimentation pour déterminer les propriétés hygroscopiques de plusieurs types de plantes médicinales en vue d'une meilleure conservation durant le stockage et une bonne conduite de l'opération de séchage [10-13]. Ainsi, pour la bonne conduite de l'opération de séchage, on réalise un compromis entre la consommation restreinte de l'énergie et la préservation de la qualité du produit séché.

Parmi les produits agroalimentaires étudiés, sont les graines de pois chiche, les graines de lentilles, les Pommes de terre, et les Poivrons vert (Fig.2.2)

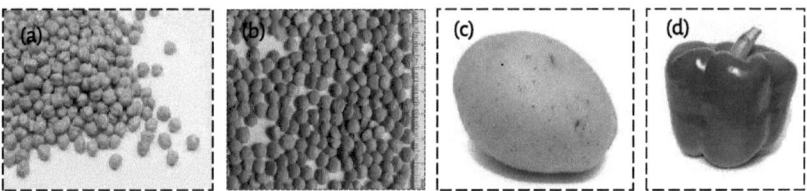

Figure 2.2. Les produits agroalimentaires : (a) graines de pois chiches, (b) graines de lentilles, (c) Pomme de terre, et (d) Poivrons vert.

4.1. Stockage et emballage
Quelques conséquences de la variation de a_w sur les aliments

C'est la composition relative en protéines, amidons, sels minéraux et saccharose qui a un effet sur les isothermes d'adsorption [14].

L'objectif étant d'atteindre les a_w faibles. On peut faire appel à divers additifs comme le sel, le saccharose, le glycérol pour abaisser l'activité de l'eau (a_w) sans changer la teneur en eau. Ces additifs sont précieux pour les aliments à humidité moyenne <35% et 0.6<a_w<0.8, ils sont stables durant plusieurs semaines en emballage étanche (saucisson sec, fruits sec, biscuits..). A humidité donné, le saccharose amorphe retient plus d'eau que le saccharose cristallisé, car la transition d'un état à l'autre provoque une expulsion d'eau à mesure que le cristal s'ordonne. Cette transformation est liée à la fois à l'humidité et à la température [14].

Teneur en eau %	Durée de vie de la forme amorphe du saccharose, en jours
16%	380
24%	58
28%	17

TABLEAU .2.1. Variation de la durée de vie de la forme amorphe pour le saccharose selon la teneur en eau.

Lors de la cristallisation, l'eau libérée dissout les cristaux des couches externes, alors que les couches internes consolident leur cristallisation et se prennent en masse. L'eau expulsée du cristal peut aussi se relocaliser sur l'autre constituant et donner une masse collante [14]. On peut citer aussi les exemples suivants :

☐ Le café soluble déshydraté prend en masse vieillissant (surtout lorsque l'emballage n'est plus étanche).

☐ Le lait en poudre subit la même transformation.

☐ Les bombons deviennent collants à l'extérieur (les cristaux passent à l'état amorphe) et durs à l'intérieur par cristallisation d'eau vers l'extérieur.

5. Isothermes de sorption de produits agricoles

Dans ce présent travail nous avons opté pour l'étude des propriétés thermodynamiques et thermophysiques des feuilles d'olivier considérées comme un exemple de produit agricole à travers la détermination expérimentale des isothermes de sorption de l'eau et l'étude des modèles théoriques en utilisant le formalisme statistique.

En Tunisie, on estime la production de feuilles d'olivier à 5 ou 6 kg de matière sèche par arbre et par an, on disposerait annuellement de 80 à 100 000 tonnes de matière sèche de feuilles d'olivier pour une taille tous les 2 ans. De plus, les feuilles se trouvent en grande quantité dans les huileries avec environ 10 % du poids total des olives [15,16].

Les feuilles d'olivier peuvent avoir des applications nombreuses car en plus de leur utilisation en alimentation animale, elles peuvent être utilisées en phytothérapie humaine ou encore constituer une matière première pour l'industrie pharmaceutique et cosmétique à travers la récupération de composants à haute valeur ajoutée. Elles peuvent être aussi utilisées comme combustibles, servir à la fabrication de compost, ou constituer une matière première dans l'industrie de papier [15,16].

A côté de la production principale qui est l'huile, l'industrie oléicole procure des quantités importantes de sous-produits liquides (margines) ou (grignons). Les propriétés médicinales de l'olivier sont surtout attribuées aux feuilles qui sont réputées par leur usage en médecine traditionnelle et moderne et leurs vertus thérapeutiques. Les extraits de feuilles d'oliviers renferment également des principes actifs responsables de, plusieurs propriétés biologiques. Ces composés peuvent constituer une matière première pour l'industrie pharmaceutique et cosmétique [15-17].

Les feuilles d'olivier sont employées dans les cas d'hypertension artérielle; elles agissent en abaissant la tension artérielle. Cette activité est due à une conjugaison de plusieurs principes actifs qui agissent en synergie. Les feuilles constituent la partie active grâce à l'oleuropéine. Ce composé présente de remarquables propriétés hypotensives, associées à une action anti-arythmique. De plus, il agit sur l'ensemble des troubles de l'hypertension artérielle : céphalées, vertiges et bourdonnements d'oreilles [16-18].

En Tunisie, l'olivier jouit non seulement d'un grand intérêt socio-économique mais aussi d'une importante valeur spirituelle, c'est un arbre sacré qui fait parti des arbres cités dans le coran.

Vue l'importance de ce produit en Tunisie, nous nous sommes focalisés sur l'étude des feuilles d'olivier comme un produit agricole afin de tirer des informations sur le mécanisme d'adsorption-désorption de l'eau ainsi que les conditions optimales de conservation [17,18].

Notre étude a porté sur quatre variétés de feuilles d'olivier, issues d'oliviers cultivées dans une parcelle de l'Institut de l'Olivier de Sfax. Il s'agit de variétés les plus fréquentes en Tunisie à savoir : Chemlali (CL), Chemchali (CH), Chétoui (CE) et Zarrazi (ZR).

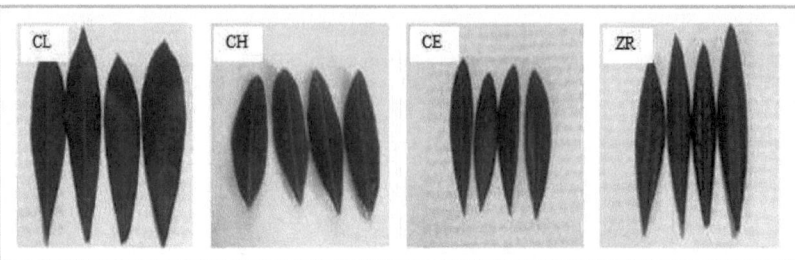

Figure.2.3. Les variétés étudiées de feuilles d'olivier : Chemlali (CL), Chemchali (CH), Chétoui (CT) et Zarrazi (ZR).

Tout au long de l'étude expérimentale, l'échantillonnage a été effectué sur les mêmes oliviers adultes et au cours de la même période (mois de mars-avril) et ceci afin de réduire au maximum la variabilité saisonnière et environnementale [17-19].

5.1. Principales techniques pour la réalisation des isothermes de sorption

Les techniques les plus utilisées pour la détermination des isothermes de sorptions sont la méthode gravimétrique et la méthode volumétrique : La gravimétrie est une méthode simple basée sur l'augmentation de la masse du couple adsorbant-adsorbât lors de l'adsorption [20]. La masse de l'échantillon est suivie au cours du temps, et une fois l'équilibre est atteint, elle est supposée rester constante. La détermination de la quantité de matière adsorbée est effectuée par simple calcul. Cette méthode est généralement appliquée pour les gaz. Elle présente une difficulté lorsque la pression devient importante. La méthode volumétrique, est basée sur la mesure de la pression d'équilibre entre le gaz et l'adsorbât, et la quantité adsorbée est alors calculée par application de la loi des gaz parfaits [20-21]. Selon le couple adsorbant-adsorbât étudié, l'allure de la courbe isotherme peut être différente d'un cas à l'autre [21].

5.2. Protocole expérimental pour la détermination des isothermes de sorption par la méthode gravimétrique statique

Cette partie expérimentale a été réalisée au sein du Groupe de Recherche en Génie des Procédés Agroalimentaires, Laboratoire de Recherche en Mécanique des Fluides Appliquée Génie des Procédés Environnement, Ecole Nationale d'Ingénieurs de Sfax.

Dans cette étude, nous avons opté pour la méthode gravimétrique statique pour déterminer les isothermes de sorption de l'eau pour des feuilles d'olivier. Cette méthode assure la régularisation de l'humidité par contact avec des solutions salines aqueuses au-dessus desquelles la pression de vapeur de l'eau, à température donnée, est parfaitement connue. Les solutions salines saturées utilisées sont des solutions de LiCl, $MgCl_2$, K_2CO_3, Mg $(NO_3)_2$, $NaNO_3$, $SrCl_2$, NaCl, KCl et $BaCl_2$et une solution de NaOH (Tableau 2.2). Ces solutions permettent d'obtenir des activités de l'eau variant de 0.058 à 0.898 [17,19 ,23].

Sel	Activités de l'eau, a_w		
	30°C	40°C	50°C
NaOH	0.068	0.065	0.058
LiCl	0.111	0.111	0.110
$MgCl_2,6H_2O$	0.323	0.315	0.305
K_2CO_3	0.431	-	0.409
$Mg(NO_3)_2$	0.513	0.484	0.454
$NaNO_3$	0.727	0.710	0.690
$SrCl_2$	0.691	-	0.574
NaCl	0.752	0.751	0.748
KCl	0.836	0.823	0.812
$BaCl_2,2H_2O$	0.898	0.891	0.882

TABLEAU 2.2. Valeurs standards des activités de l'eau des dix solutions saturés utilisées pour la détermination des courbes de sorption des feuilles d'olivier à 30, 40 et 50 °C [22,23].

Le dispositif expérimental consiste à utiliser dix bocaux de 1 litre remplis au quart par une solution saline (Figures 2.4.a et 2.4.b) [17,24]. Un trépied est placé dans chaque bocal pour déposer les petits creusets contenant les échantillons de feuilles d'olivier (Figure 2.5). Les bocaux placés dans l'étuve doivent être bien fermés pour que la pression partielle de la vapeur d'eau reste constante durant toute l'expérience. Dans les bocaux où l'humidité de l'air est élevée (solutions saturées des sels KCl et $BaCl_2$), les couvercles des bocaux sont munis d'un papier pour absorber les gouttelettes d'eau qui proviennent de la condensation afin d'éviter la réhumidification des échantillons. Les expériences de sorption menées ont été réalisées à trois températures 30, 40 et 50°C ($\pm$ 0,1°C) et à dix valeurs de l'activité de l'eau.

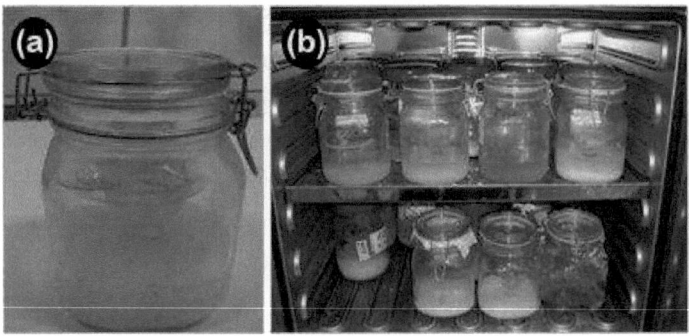

Figure 2.4. (a) Unité du dispositif expérimental pour la détermination des isothermes de sorption ; (b) Appareillage pour la détermination des isothermes de sorption.

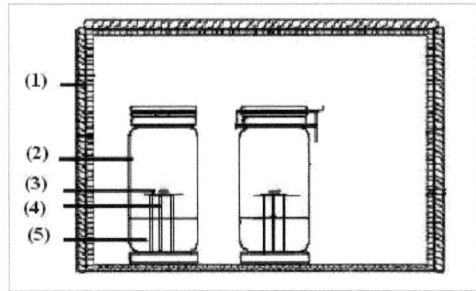

Figure 2.5. Dispositif expérimental utilisé pour la détermination des isothermes de sorption de l'eau des feuilles d'olivier par la méthode gravimétrique statique, (1) : étuve, (2) : bocal hermétique, (3) : échantillon, (4) : trépied, (5) : solution de sel saturé.

5.3. Préparation des échantillons

☐ Les échantillons frais destinés à la désorption sont découpés en petits morceaux de même masse.

☐ Les échantillons utilisés pour l'adsorption sont préalablement séchés dans une étuve réglée à une température de 40°C jusqu'à la stabilisation de la masse ensuite découpés en morceaux de masse 0,250 g.

- Le suivi de la masse du produit est effectué tous les deux jours en utilisant une balance de précision de type Mettler AT 400 ($\pm$ 0,0001 g) jusqu'à atteindre une variation de masse de 0.1 % environ entre deux mesures successives. Dans ce cas l'équilibre thermodynamique est alors considéré comme atteint.

- Les échantillons qui ont atteint l'équilibre hygroscopique sont introduits dans une étuve à 105°C jusqu'à poids constant afin de déterminer leurs masses sèches. Les teneurs en eau d'équilibre des feuilles d'olivier sont alors calculées :

$$Q(kg/kgMS) = \frac{M_e - M_S}{M_S} \qquad (2.3)$$

Avec : M_e : masse de l'échantillon (kg) à l'équilibre,

M_S : matière sèche (kg).

On peut alors tracer à partir des points expérimentaux obtenus les isothermes de désorption et l'adsorption de l'eau du produit : Q = f (a_w) à différentes températures.

Les résultats expérimentaux obtenus pour la désorption des feuilles d'olivier pour les températures 30, 40 et 50°C, sont données dans la figure 2.6.

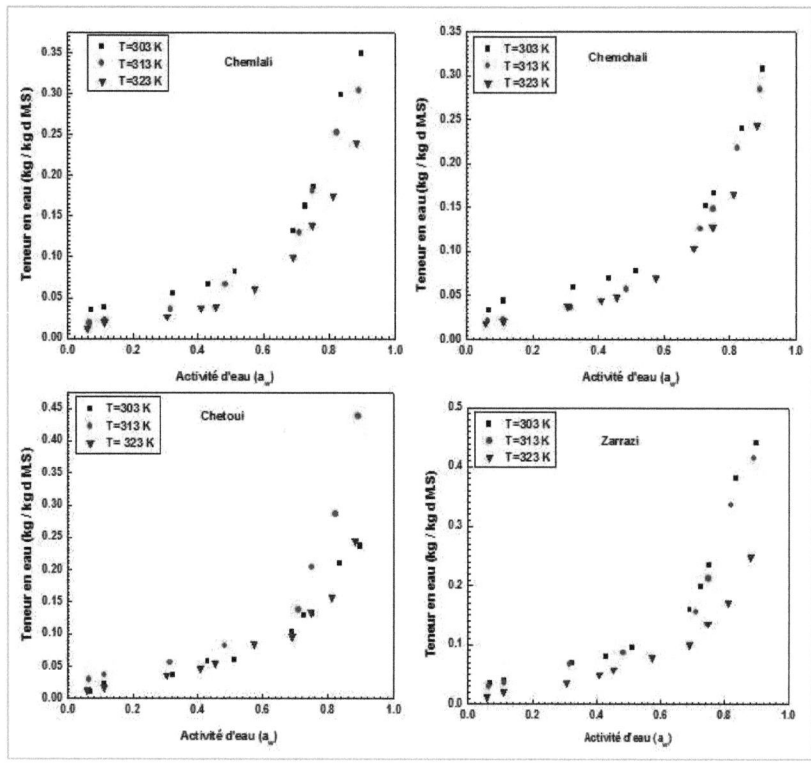

Figure 2.6. Isothermes de désorption de la vapeur d'eau sur les variétés des feuilles d'olivier

(Chemlali, Chemchali, Chetoui, Zarrazi).

Ces isothermes montrent que pour une activité d'eau (a_w) constante la teneur en eau d'équilibre (Q) varie inversement avec la température [25,26].

Les courbes d'isothermes de désorption des feuilles d'olivier présentent une allure sigmoïdale, semblable à celle de la majorité des produits agroalimentaires [27, 28, 29]. Une similarité est observée dans ces isothermes pour les quatre variétés mais les valeurs de la teneur en eau dépendent d'une variété à une autre. Les mêmes faits sont observés pour les isothermes d'adsorption illustrée sur la figure (2.7).

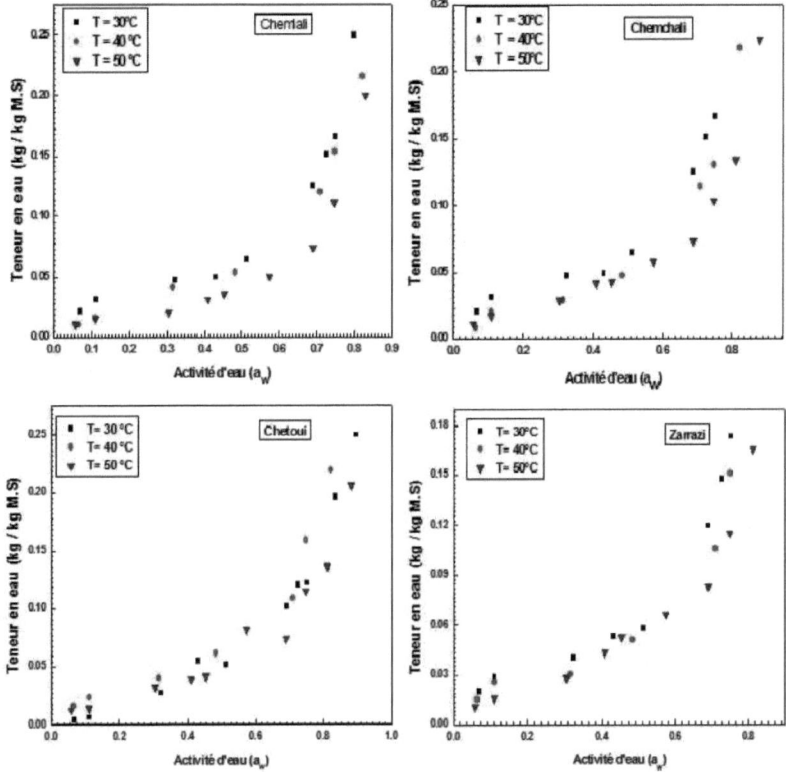

Figure 2.7. Isothermes d'adsorption de la vapeur d'eau sur les variétés des feuilles d'olivier (Chemlali, Chemchali, Chetoui, Zarrazi).

La méthode expérimentale utilisée n'impose pas un cycle d'adsorption-désorption mais plutôt l'isotherme de désorption est réalisée sur des échantillons initialement frais alors que l'isotherme d'adsorption est réalisée sur des échantillons initialement séchés dans l'étuve à 40°C. Donc l'étude de l'adsorption ou la désorption peut être faite indépendamment.

La courbe d'adsorption ne se superpose pas avec la courbe de désorption, mettant en évidence un phénomène d'hystérésis [26-29]. Nous donnons sur la figure (2.8) un exemple illustrant ce phénomène.

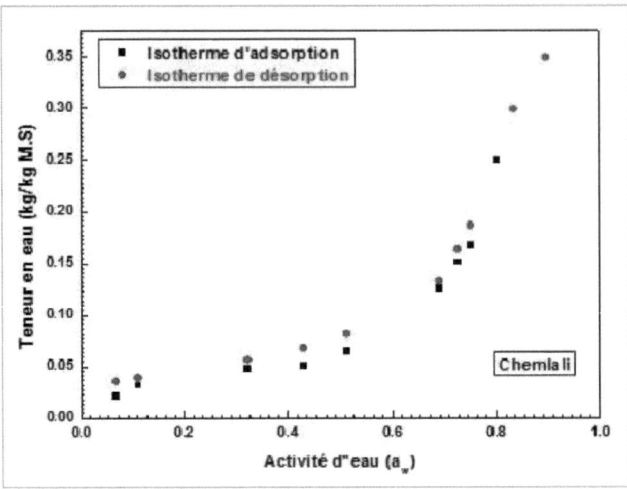

Figure 2.8. Isotherme désorption-adsorption de la vapeur d'eau sur des feuilles d'olivier variété (Chemlali) à T=303 K

Nous pouvons noter que l'isotherme d'adsorption ne colle pas avec celle de désorption, impliquant l'irréversibilité du processus d'adsorption-désorption. Des approches proposées dans la littérature montrent qu'il y a des modifications structurales irréversibles qui peuvent apparaitre lors du processus adsorption-désorption [28-30].

6. Conclusion

La détermination des isothermes de sorption des produits agroalimentaires est une étape importante à prendre en compte pour leur valorisation et leur exploitation dans le domaine agroalimentaire, pharmaceutique et cosmétique. Ces isothermes traduisent l'hygroscopicité des produits déterminés par les relations physiques et physico-chimiques existant entre l'eau et les autres constituants.

Les courbes de sorption expérimentales des feuilles d'olivier ont été déterminées par la méthode gravimétrique statistique pour trois températures (30,40 et 50°C) et à une activité de l'eau variant de 0.058 à 0.898.

Les résultats expérimentaux montrent que les isothermes de sorption des feuilles d'olivier présentent tous le phénomène d'hystérésis et qu'elles ont une allure sigmoïdale comme la majorité des produits agricoles. Nous proposons une modélisation de ces isothermes de sorption (adsorption et désorption). Les inconvénients des modèles empiriques déjà évoqués au 1ère chapitre nécessitent l'élaboration d'autre modèles utilisant la physique statistique. Ce moyen nous permettra de donner une signification physique des différents paramètres introduits. Ceci fera l'objet des chapitres suivants.

───────────── Références ─────────────

[1] J. J. Bimbenet, A. Duquenoy, G. Trystram, Génie des procédés alimentaires, des bases aux applications, éditions RIA, Paris (2002).

[2] E. Dumoulin, J. J. Bimbenet, C. Bonazzi, D. J. Daudin, E. Mabonzo, C. Truchiuli, Activité de l'eau, teneur en eau des produits alimentaires : isothermes de sorption de l'eau, Industries Alimentaires et Agricoles, 8-18 (2004).

[3] L. J. Multon, H. Bizot, G. Martin, Mesure de l'eau adsorbée dans les aliments. Techniques d'analyse et de contrôle dans les industries agroalimentaires, Deuxième édition. Lavoisier Tec&Doc, Paris, 158–200 (1991).

[4] M. Belhamodi, & al, Approche expérimentale de la cinétique de séchage des produits agroalimentaires application aux eaux d'orange et à la pulpe de betterave, Revue Générale thermique, 380, 444-453(1993).

[5] J. J. Bimbenet, Le séchage dans des industries agricoles et alimentaires, 4^{éme} cahier du génie Industriel Alimentaire, SEPAIG, Paris (1978).

[6] T. P. Labuza, & al, Sorption phenomena in foods, *Food Technology*, 22, 263-272 (1968).

[7]   C. M. Garau, S. Simal, C. Rossello, A. Femenia, Effect of air-drying temperature on physicochemical properties of dietary fibre and antioxidant capacity of orange (Citrus aurantium v. Canoneta) by-products, *Food Chemistry*, 104, 1014–1024 (2007).

[8] T. Katsube, Y. Tsurunaga, M. Sugiyama, T. Furuno, Y. Yamasaki, Effect of air-drying temperature on antioxidant capacity and stability of polyphenolic compounds in mulberry (Morus alba L.) leaves, *Food Chemistry*, 113, 964–969 (2009).

[9] M. S. Jeong, Y. S. Kim, R. D. Kim, C. S. Jo, C. K. Nam, U. D. Ahn, Effect of heat treatment on antioxidant activity of citrus peels, *Journal of Agricultural and Food Chemistry*, 52, 3389–3393 (2004).

[10] D. N. Menkov, Moisture Sorption Isotherms of Chickpea Seeds at Several Temperatures, *Journal of Food Engineering*, 45, 189–194 (2000a).

[11] D. N. Menkov, Moisture Sorption Isotherms of Lentil Seeds at Several Temperatures, *Journal of Food Engineering*, 44, 211–505 (2000b).

[12] M. A. W. McMinn, A. R. T. Magee, Thermodynamic Properties of Moisture Sorption of Potato, *Journal of Food Engineering*, 60, 157–165 (2003).

[13] F. Kaymak-Ertekin, M. Sultanoglu, Moisture Sorption Isotherm Characteristics of Peppers, *Journal of Food Engineering*, 47, 225–231(2001).

[14] M. Frénol, E. Vierling, Biochimie des aliments Diététique du sujet bien portant, Science des aliments, 2 édition, *Biosciences et Techniques* (2001).

[15] M. Ben Dhia, G. Khaldi, A. Majdoub, Utilisation des sous produits de l'olivier dans l'alimentation animale, travaux réalisés en Tunisie. Séminaire International sur la valorisation des sous produits de l'olivier, Tunisie, **57** (**1981**).

[16] A. Nefzaoui, Valorisation des sous-produits de l'olivier. Options Méditerranéennes- Série séminaires, **16, 101-108** (**1991**).

[17] N. Boudhrioua, N. Bahloul, M. Kouhila, N. Kechaou, Sorptions isotherms and isosteric heats of sorption of olive leaves (Chemlali variety): Experimental and mathematical investigations, *Food and Bioproduct Process*, **86, 167–175** (**2008**).

[18] N. Bahloul, N. Boudhrioua, N. Kechaou, Moisture desorption–adsorption isotherms and isosteric heats of sorption of Tunisian olive leaves (Olea europaea L), *Industrial Crops and Products*, **28, 162–176** (**2008**).

[19] S. Knani, F. Aouaini, N. Bahloul, M. Khalfaoui, M. A. Hachicha, A. Ben Lamine, N. Kechaou, Modeling of adsorption isotherms of water vapor on Tunisian olive leaves using statistical mechanical formulation, *Physica A*, **400, 57–70** (**2014**).

[20] M. Miranda, H. Maureira, K. Rodríguez, A. Vega-Galvez, Influence of temperature on the drying kinetics, physicochemical properties, and antioxidant capacity of Aloe Vera (Aloe Barbadensis Miller) gel, *Journal of Food Engineering*, **91, 297–304** (**2009**).

[21] H. O. Lee, B. H. Lee, J. Lee, Y. J. Son, K. S. Rhee, D. H. Kim, C. Y. Kim, Y. B. Lee, Chemical properties of olive and bay leaves. *Journal of the Korean Society of Food Science and Nutrition*, 34, 503-508 (**2005**).

[22] M. H. Baouab Cationisation de Fibres Textiles Naturelles et Synthétiques Applications à la dépollution, **Thèse de Doctorat**, l'Université de Claude Bernard, Lyon I (**1999**).

[23] T. M. Rocha, Influence des prétraitements et des conditions de séchage sur la couleur et l'arôme de la menthe et du basilic, **Thèse de Doctorat**, l'Ecole Nationale Supérieure des Industries Agricoles et Alimentaires de Massy, Massy, France (**1993**).

[24] T. P. Labuza, et al, Effect of temperature on the moisture sorption isotherms and water activity shift of two dehydrates food, *Journal of Food Sciences*, **50, 385-391** (**1985**).

[25] Z. Irzyniec, J. Khimczak, Effect of temperature on sorption isotherms of Brussels sprout, *Nahrung/Food*, **47(1), 24-27** (**2003**).

[26] N. D. Menkov, et al, Applying the linear equation of correlation of Brunauer-Emmet-Teller (BET)-monolayer moisture content with temperature, *Nahrung*, **43, 118-121** (**1991**).

[27] J. Stenel, Water activity of skimmed milk powder in the temperature range of 20-45°C, *Actaveterinaria Bruno*, **68, 209-215** (**1991**).

[28] A. Jamali, & al, Moisture adsorption-desorption isotherms of citrus reticulate leaves at three temperature, *Journal of Food Engineering*, **77, 71-78** (**2006**).

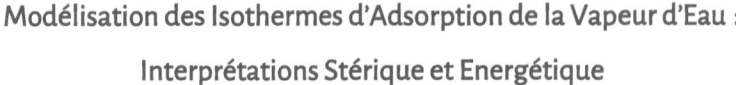

Modélisation des Isothermes d'Adsorption de la Vapeur d'Eau : Interprétations Stérique et Energétique

1. Introduction

Les données expérimentales d'adsorption obtenues sont nécessaires pour gagner du temps et les efforts dans l'expérimentation. En effet, il est très utile de prévoir les conditions optimales pour la conservation d'un produit alimentaire ou l'évolution des grandeurs thermodynamiques. Donc la description d'une isotherme par un modèle se révèle intéressante et peut fournir des informations sur l'interaction eau-aliment. En raison de la complexité de l'équilibre d'adsorption, la recherche de modèles d'adsorption adéquats est encore très utile et donc active. Ainsi, les modèles peuvent offrir à l'expérimentateur la possibilité de définir un nombre de paramètres réglables pour le contrôle du processus de séchage ainsi que la détermination de la qualité [1], la stabilité et la durée de conservation des aliments [2-5]. Lorsque l'humidité dans le produit est en équilibre avec la vapeur d'eau dans l'air qui l'entoure, la température du produit est égale à celle de l'air et la pression de vapeur d'eau dans le produit est égale à celle dans l'air. L'activité d'eau du produit est alors égale à l'humidité relative de l'air. La courbe représentant la teneur en eau à l'équilibre d'un produit en fonction de son activité de l'eau pour une température donnée peut constituer une source d'information. La connaissance et la compréhension des isothermes de sorption est très importante dans la science de l'alimentation et de la technologie pour la conception et l'optimisation de l'équipement de séchage, les prévisions de la qualité, la stabilité, et pour calculer les variations d'humidité qui peuvent survenir pendant le stockage.

La modélisation est très utile pour décrire et prédire les isothermes de sorption à différentes conditions expérimentales et donc également utile pour le calcul de propriétés thermodynamiques qui pourraient être déduites.

Certains modèles sont basés sur les théories du mécanisme d'adsorption ; d'autres sont purement empiriques, ou semi-empiriques. Vu que les isothermes d'adsorption de l'eau sur les produits agroalimentaires représentent les propriétés hygroscopiques intégrées de

54

divers constituants, les propriétés d'adsorption peuvent être modifiées à la suite d'interactions chimiques et physiques induites par chauffage ou d'autres procédés de prétraitements [6]. Une recherche approfondie a montré que les isothermes d'adsorption des aliments peuvent être décrites par plus qu'un modèle d'adsorption [6-8].

Dans le présent chapitre, nous donnons une interprétation physique du processus d'adsorption de la vapeur d'eau au niveau microscopique en utilisant le formalisme de la physique statistique. Nous proposons d'établir un nouveau modèle qui peut décrire les isothermes d'adsorption avec une bonne approximation. Nous appliquons ce modèle sur les isothermes d'adsorption de l'eau sur des feuilles d'olivier déjà donnée dans le chapitre 2 (figure 2.7). Par la suite nous vérifions la validité du modèle proposé aux produits alimentaires pris de la littérature, à savoir les isothermes d'adsorption de l'eau sur des graines de pois chiches, graines de lentilles, pommes de terre et sur les poivrons verts [9-12], présentés dans la figure 3.1.

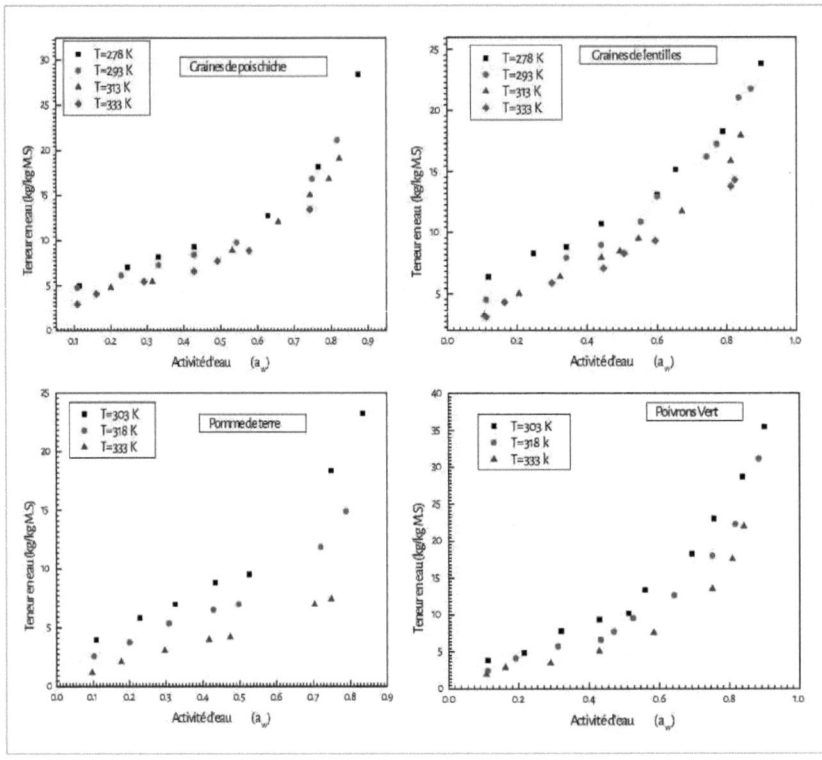

Figure.3.1. Isothermes d'adsorption de la vapeur d'eau sur les produits alimentaires (graines de pois chiches, graines de lentilles, pommes de terre et poivrons vert) [9-12].

La teneur en eau est exprimée par kg par kg de matière sèche. Ces isothermes ont été réalisées par Menkov (2000a) [9], (2000b) [10], McMinn et al. [11] et Kaymak-Ertekin et al. [12].

2. Description mathématique des isothermes d'adsorption

Comme nous l'avons cité précédemment dans le chapitre 1, de nombreux modèles mathématiques sont élaborés pour la description de l'adsorption de l'eau sur les aliments [13-16]. Il est difficile et même insignifiant d'avoir un modèle unique qui prévoit avec précision l'isotherme d'adsorption dans l'ensemble de l'activité de l'eau pour différents types d'aliments.

Bell et Labuza [17] ont noté qu'aucun modèle d'une isotherme d'adsorption ne pourrait ajuster les données sur toute la gamme d'humidité relative. En effet, l'eau est associée à la matrice alimentaire par différents mécanismes dans différentes régions d'activité de l'eau [16-17].

Les critères utilisés pour sélectionner le modèle le plus approprié sont le degré de l'ajustement des données expérimentales et la simplicité du modèle. Il est très intéressant de trouver des modèles qui contiennent dans leurs expressions des constantes en relation avec les paramètres physico-chimiques du processus d'adsorption.

Dans ce qui suit, nous proposons d'établir un modèle d'adsorption en utilisant la formulation de la physique statistique. Cette formulation repose sur des hypothèses pour caractériser l'adsorption de vapeur d'eau sur la surface des produits alimentaires. Les résultats de l'ajustement sont discutés et interprétés.

3. Formulation statistique

Le développement mathématique de l'expression analytique de notre modèle multicouche avec deux niveaux d'énergie sera présenté spécialement en détail en utilisant une approche de la physique statistique. Nous allons voir que ce traitement fournit expressions pour tous les paramètres du modèle permettant ainsi des interprétations physiques. Le processus d'adsorption implique un échange de particules de l'état libre à l'état adsorbé [18-26].

$$nA + S \rightleftharpoons A_nS \tag{3.1}$$

Dans cette équation A est la molécule de l'adsorbat, S est le site récepteur de l'adsorbant et n_i est le nombre des molécules adsorbées par site S si sa valeur est supérieure à 1, ou la fraction de molécule par site S si n_i est inférieur à 1 (une molécule A s'adsorbe sur plus d'un site).

L'introduction de l'ensemble grand canonique de la physique statistique sert à tenir compte de la variation du nombre de particules grâce au potentiel chimique μ_m de la vapeur d'eau qui s'écrit comme suit [18p95, 23]

$$\mu_m = k_B T \ln\left(\frac{N}{z_{tr}}\right) \qquad (3.2)$$

avec N est le nombre de molécules d'eau, P est la pression partielle de la vapeur d'eau, V est le volume du gaz, z_{tr} est la fonction de partition de translation et β est défini comme 1 / k_BT, où k_B est la constante de Boltzmann et T est la température absolue [18p95, 23].

Dans notre traitement, le point de départ est la fonction de partition grand canonique décrivant les états microscopiques d'un système selon la situation physique dans laquelle ce système est placé. En se basant sur la forme des isothermes étudiées dans le 1er chapitre, l'adsorption de l'eau sur les produits alimentaires peut être simulée soit par la formation d'une infinité de couches ou d'un processus multicouche finie. Par conséquent, nous supposons que la molécule adsorbée sur la première couche fournit un site récepteur pour les couches suivantes. Un site récepteur est supposé être vide ou occupé par une ou plusieurs molécules. Ainsi, nous définissons le nombre N_i qui décrit l'état d'occupation du système. Ce nombre passe de zéro à l'infini.

Nous supposons que N_1 couches de molécules adsorbées sont formées avec la première énergie (-ε_1) et les autres couches sont adsorbées avec l'énergie (-ε_2) avec la condition que ε_1> ε_2> 0 [23-26]. Ainsi, la fonction de partition grand canonique d'un site récepteur s'écrit sous la forme :

$$z_{gc} = \sum_{N_i=0}^{\infty} \exp\left[-\beta\left(-(N_1\varepsilon_1 + (N_i - N_1)\varepsilon_2) + N_i\mu\right)\right] \qquad (3.3)$$

Cette relation peut aussi s'écrire:

$$z_{gc} = 1 + e^{\beta\,(\varepsilon_1 + \mu)} + .. + e^{N_1\beta\,(\varepsilon_1 + \mu)} + e^{\beta\,(N_1\varepsilon_1 + \varepsilon_2 + (N_1 + 1)\mu)} + e^{\beta\,(N_1\varepsilon_1 + 2\varepsilon_2 + (N_1 + 2)\mu)} + ..$$

$$= \frac{1 - \left(e^{\beta\,(\varepsilon_1 + \mu)}\right)^{(N_1 + 1)}}{1 - \left(e^{\beta\,(\varepsilon_1 + \mu)}\right)} + \frac{\left(e^{\beta\,(\varepsilon_1 + \mu)}\right)^{N_1}\left(e^{\beta\,(\varepsilon_2 + \mu)}\right)}{\left(1 - e^{\beta\,(\varepsilon_2 + \mu)}\right)} \tag{3.4}$$

La multicouche infinie peut être illustrée par la figure 3.2

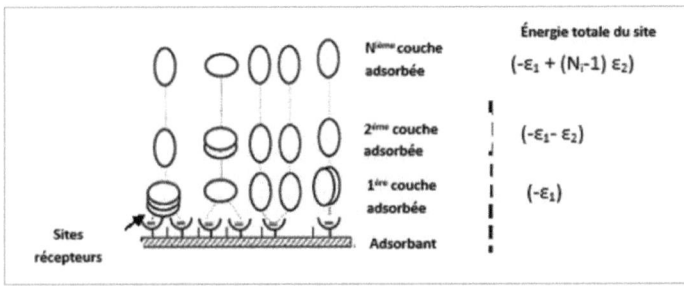

Figure.3.2. Description du processus d'adsorption et de formation de la multicouche infinie

Selon le procédé des ensembles de Gibbs, chaque système macroscopique peut être représenté par un grand nombre de sous-systèmes de même volume. Chaque sous-système est statistiquement indépendant des autres. Ainsi, nous supposons que la phase d'adsorption peut être divisée en N_M cellules identiques qui ne sont pas en interaction. Cela signifie qu'elles sont couplées par une très faible interaction. En effet, l'échange de molécules entre les cellules aura lieu dans un temps plus grand par rapport à celui caractéristique des processus moléculaires fondamentaux qui se produisent à l'intérieur de chaque cellule [21-23]. Dans ce cas, les sites récepteurs peuvent être considérés comme statistiquement indépendants. De plus, si nous supposons qu'ils sont identiques, la fonction de partition grand canonique totale liée aux sites récepteurs par unité de surface adsorbante, peut s'écrire comme suit [18-23]:

$$Z_{gc} = \left(z_{gc}\right)^{N_M} \tag{3.5}$$

Le nombre moyen d'occupation des sites récepteurs s'écrit alors [18-23] :

$$N_o = k_B T \frac{\partial \ln(z_{gc})^{N_M}}{\partial \mu} \tag{3.6}$$

Ainsi la quantité d'eau adsorbée est donnée par [18-23] :

$$Q = nN_o = k_B T n N_M \frac{\partial \ln(z_{gc})}{\partial \mu} \tag{3.7}$$

Dans l'équation (3.7), Q peut être exprimée en kg d'eau par kg de matière sèche.

A l'équilibre thermodynamique il y a égalité des potentiels chimiques entre la phase adsorbée et la phase libre et on peut écrire : $\mu_m = \mu/n$. L'énergie d'adsorption ε_m d'une molécule sur la première couche s'écrit : $\varepsilon_{m1} = \varepsilon_1/n$ et sur les couches suivantes : $\varepsilon_{m2} = \varepsilon_2/n$. En utilisant par conséquent les équations 3.4 et 3.2 nous pouvons déduire :

$$\tag{3.7.a}$$

$$
\begin{cases}
e^{\beta(\varepsilon_1+\mu)} = e^{n\beta(\varepsilon_{m1}+\mu_m)} = \left(e^{\beta\varepsilon_{m1}}\frac{P}{z_v kT}\right)^n = e^{n\frac{N_A\varepsilon_{m1}}{k_B N_A T}}\left(\frac{P}{P_{vs}}\right)^n e^{-n\frac{\Delta E_v}{RT}} = e^{n\frac{\Delta E a_1-\Delta E_v}{RT}}\left(\frac{P}{P_{vs}}\right)^n = \left(\frac{a_w}{a_1}\right)^n \\[4mm]
e^{\beta(\varepsilon_2+\mu)} = e^{n\beta(\varepsilon_{m2}+\mu_m)} = \left(e^{\beta\varepsilon_{m2}}\frac{P}{z_v kT}\right)^n = e^{n\frac{N_A\varepsilon_{m2}}{k_B N_A T}}\left(\frac{P}{P_{vs}}\right)^n e^{-n\frac{\Delta E_v}{RT}} = e^{n\frac{\Delta E a_2-\Delta E_v}{RT}}\left(\frac{P}{P_{vs}}\right)^n = \left(\frac{a_w}{a_2}\right)^n
\end{cases}
$$

$$\tag{3.7.b}$$

où $a_w = \dfrac{P}{P_{vs}}$ représente l'activité de l'eau.

La quantité adsorbée en fonction de l'activité de l'eau peut s'écrire comme suit :

$$Q = (nN_M)\frac{(-f_1+f_2)}{(f_3)} \tag{3.8}$$

$$f_1 = \frac{\left(\frac{a_w}{a_1}\right)^{((N_1+1)n)}(N_1+1)}{\left(1-\left(\frac{a_w}{a_1}\right)^n\right)} + \frac{\left(\frac{a_w}{a_1}\right)^n\left(1-\left(\frac{a_w}{a_1}\right)^{(N_1+1)n}\right)}{\left(1-\left(\frac{a_w}{a_1}\right)^n\right)^2}$$ (3.8.a)

$$f_2 = \frac{\left(\frac{a_w}{a_1}\right)^{(nN_1)}\left(\frac{a_w}{a_2}\right)^n(N_1+1)}{\left(1-\left(\frac{a_w}{a_2}\right)^n\right)} + \frac{\left(\frac{a_w}{a_1}\right)^{(nN_1)}\left(\frac{a_w}{a_2}\right)^{2n}}{\left(1-\left(\frac{a_w}{a_2}\right)^n\right)^2}$$ (3.8.b)

$$f_3 = \frac{\left(1-\left(\frac{a_w}{a_1}\right)^{((N_1+1)n)}\right)}{\left(1-\left(\frac{a_w}{a_1}\right)^n\right)} + \frac{\left(\frac{a_w}{a_1}\right)^{(nN_1)}\left(\frac{a_w}{a_2}\right)^n}{\left(1-\left(\frac{a_w}{a_2}\right)^n\right)}$$ (3.8.c)

Dans l'équation (3.8), ils existent cinq paramètres tels que le nombre de molécules par site n, la densité des sites récepteurs N_M, le nombre de couche N_1 et deux paramètres énergiques a_2, a_1 qui peuvent être exprimée par : $a_1 = \exp\left(-\frac{\Delta E_{a,1} - \Delta E^v}{RT}\right)$ et $a_2 = \exp\left(-\frac{\Delta E_{a,2} - \Delta E^v}{RT}\right)$ où $\Delta E_{a,1}$ et $\Delta E_{a,1}$ sont les énergies d'adsorption molaire et ΔE^v est l'énergie molaire de vaporisation [22,23,29].

4. Comparaison avec les données expérimentales

A notre connaissance le modèle donnée par la relation (3.8) est un nouveau modèle établi par notre groupe moyennant le formalisme de la physique statistique et qui n'est qu'une extension des hypothèses du modèle de BET en considérant que les N_1 premières couches s'adsorbent avec la même énergie ($-\varepsilon_1$) . Nous appliquons ce modèle pour l'ajustement des isothermes d'adsorption des feuilles d'olivier à trois températures. D'ailleurs, des bons résultats ont été obtenus par knani et al. [23] pour la modélisation et interprétation de ces isothermes avec le modèle donnée par la relation (1.19). Ce dernier modèle constitue un cas particulier de notre modèle. Pour valider aussi notre modèle nous choisissons des données de la littérature à savoir les isothermes d'adsorption de l'eau sur les graines de pois chiches, les graines de lentilles, les pommes de terre, et les poivrons vert à quatre températures telles que 278K, 293 K, 313 K et 333K. Ces isothermes, dont la teneur en eau est exprimée en kg par kg de matière sèche, ont été réalisées par Menkov (2000a) [9], (2000b) [10], McMinn et al. [11], et Kaymak-Ertekin et al. [12].

Notons que la teneur en eau varie de manière significative en fonction de la température. En effet, une analyse de la variance des données expérimentales a montré que l'effet de la température sur la teneur en eau est significative (p> 0.05) [30,31].Donc une étude de l'influence de la température sur les paramètres physico-chimiques d'adsorption est indispensable.

La méthode mathématique standard d'ajustement utilisée pour corréler les données expérimentales par un modèle proposé, est basée sur l'algorithme de Levenberg-Marquardt d'itération en utilisant un programme de régression non linéaire multivariée. Le meilleur résultat est obtenu une fois que les résidus entre les valeurs expérimentales et théoriques sont réduits au minimum dans un intervalle de confiance bien déterminé [32]. Dans notre cas, le niveau de confiance est fixé à 95%. Deux figures de mérite ont été utilisées comme indicateurs de la qualité de l'ajustement des données expérimentales avec un modèle donné. Le premier est le coefficient d'ajustement R^2 connu aussi sous le nom du coefficient de détermination qui est une mesure normalisée de la qualité de l'ajustement. Ce coefficient est donné par [31-33]:

$$R^2 = 1 - \left[\left(1 - \frac{\sum_{i}^{n_p} \left(Q_{i,\exp} - \overline{Q}_{i,\exp} \right)^2 - \sum_{i}^{n_p} \left(Q_{i,\exp} - Q_{i,\text{mod } el} \right)^2}{\sum_{i}^{n_p} \left(Q_{i \exp} - \overline{Q}_{i \exp} \right)^2} \right) \times \left[\frac{n_p - 1}{n_p - p} \right] \right] \qquad (3.9)$$

Où $Q_{i,model}$ est la valeur de Q donné par le modèle d'ajustement, $Q_{i,\exp}$ est la valeur de Q mesurée expérimentalement, $\overline{Q}_{i,\exp}$ est la moyenne de Q mesurée expérimentalement, n_p est le nombre d'expériences effectuée et p est le nombre de paramètres ajustés.

Le second paramètre indicateur de l'ajustement est l'erreur quadratique moyenne (RMSE). Si le modèle est correct, le paramètre ajusté est donné avec une confiance de 95%, et la valeur estimée devrait varier de $\pm$ 2 RMSE de la vraie valeur. Pour un nombre p de paramètres ajustables l'erreur quadratique moyenne type est donnée par [33-35] :

$$RMSE = \sqrt{\frac{\sum_{i}^{n_p}\left(Q_{i,\exp} - Q_{i,\text{model}}\right)^2}{n_p - p}} \qquad (3.10)$$

Nous pouvons remarquer qu'en général, le coefficient d'ajustement R^2 est amélioré quand le nombre de paramètres augmente, ce qui est le cas de notre ajustement. En effet, les paramètres reflètent des grandeurs physiques. Ceci signifie que le phénomène d'adsorption est mieux décrit lorsqu'un maximum de grandeurs physiques intervient ; ainsi l'espace de la description du phénomène sera un espace plus complet [34]. Nous pouvons noter que l'ajustement est d'autant meilleur que R^2 est proche de 1, alors que RMSE doit être faible [32-34] qui est notre cas.

Les paramètres d'ajustement sont classés en 2 catégories ; a_1 et a_2 sont deux paramètres énergétiques, alors que N_M, n et N_1 sont des paramètres stériques [23-26]. De ce fait dérivent deux interprétations : stérique et énergétique.

5. Résultats et Interprétations

Nous avons ajusté les données expérimentales avec l'expression de notre modèle statistique. Ainsi nous avons essayé l'ajustement des modèles à savoir : BET [39, 43], GAB [39-40], BET modifié [23], Halsey [41], Peleg [42] et GDW [46-51], mais les coefficients de corrélations obtenus R^2 sont inférieures à ceux de notre modèle. Nous notons que les données expérimentales présentent une bonne corrélation avec le modèle proposé lorsque le coefficient de détermination R^2 est proche de 1 et de faibles valeurs de RMSE. Les résultats de l'ajustement avec notre modèle sont illustrés dans les tableaux 3.1.a et 3.1.b.

TABLEAU 3.1.a. Valeurs des coefficients R^2 et RMSE de l'ajustement des isothermes d'adsorption des quatre variétés de feuilles d'olivier : Chemlali, Chemchali, Chetoui et Zarrazi par notre modèle statistique.

R^2			
Chemlali			
T(K)	303	313	323
Notre Modèle	0.998	0.997	0.998
Chemchali			
Notre Modèle	0.999	0.998	0.999
Chetoui			
Notre Modèle	0.997	0.998	0.997
Zarrazi			
Notre Modèle	0.998	0.999	0.996
RMSE			
Chemlali			
T(K)	303	313	323
Notre Modèle	0.029	0.019	0. 019
Chemchali			
Notre Modèle	0.009	0.019	0. 019
Chetoui			
T(K)	303	318	333
Notre Modèle	0.029	0.019	0.011
Zarrazi			
Notre Modèle	0.013	0.019	0.010

TABLEAU 3.2.b. Valeurs des coefficients R^2 et RMSE de l'ajustement des données d'adsorption de graines de pois chiches, graines de lentilles, pomme de terre et les poivrons verts par notre modèle de statistique.

R²				
Graine de pois chiche				
T(K)	278	293	313	333
Notre Modèle	0.998	0.999	0.998	0.997
Graine de lentille				
Notre Modèle	0.999	0.997	0.999	0.999
Pomme de terre				
T(K)	303	318	333	
Notre Modèle	0.998	0.999	0.996	
Poivrons Vert				
Notre Modèle	0.999	0.998	0.997	
RMSE				
Graine de pois chiche				
T(K)	278	293	313	333
Notre Modèle	0.022	0.010	0.016	0. 011
Graine de lentille				
Notre Modèle	0.011	0.019	0.010	0. 010
Pomme de terre				
T(K)	303	318	333	
Notre Modèle	0.011	0.011	0.010	
Poivrons Vert				
Notre Modèle	0.010	0.015	0.020	

D'après les résultats trouvés dans les deux tableaux 3.1.a et 3.2.b, nous pouvons noter que les valeurs du coefficient R^2 donné par notre modèle varient de 0.996 à 0.999. Par conséquent, nous pouvons considérer que notre modèle est un bon modèle pour la description et l'interprétation des isothermes expérimentales moyennant les paramètres physico-chimiques.

Les figures 3.3.a et 3.3.b illustrent l'ajustement des isothermes d'adsorption de la vapeur d'eau sur les quatre variétés des feuilles d'olivier et sur les graines de pois chiches, les graines de lentilles, les pommes de terre, et les poivrons vert, avec notre modèle.

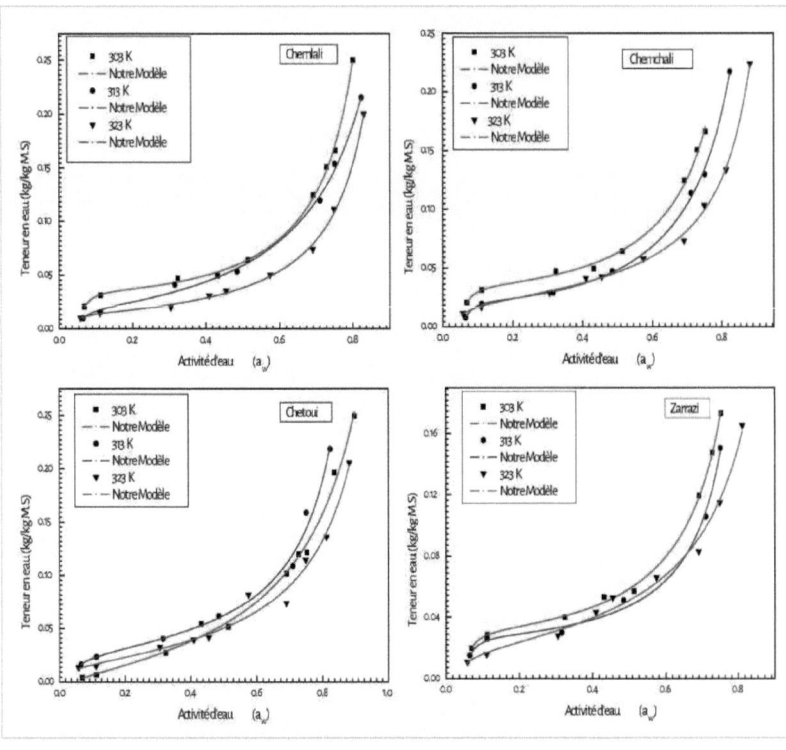

Figure.3.3.a Ajustement des isothermes d'adsorption de la vapeur d'eau sur les quatre variétés des feuilles d'olivier avec notre modèle statistique.

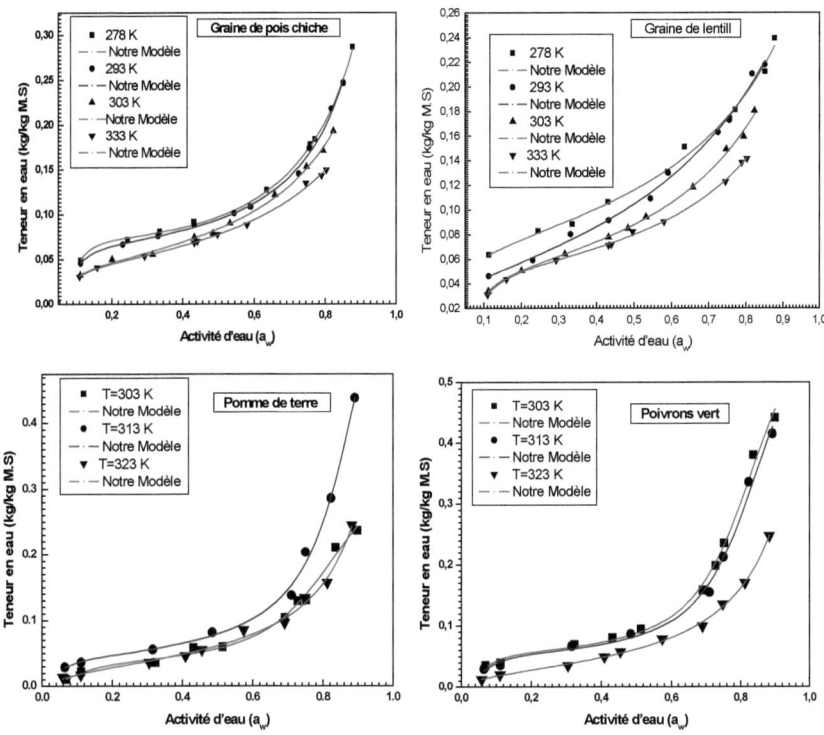

Figure.3. 3.b Ajustement des isothermes d'adsorption de la vapeur d'eau sur les graines de pois chiches, les graines de lentilles, les pommes de terre, et poivrons vert, avec notre modèle statistique.

L'évolution de ces paramètres en fonction de la température sera étudiée pour interpréter et comprendre le processus physique d'adsorption au niveau moléculaire [26,36,37]. Les valeurs des différents paramètres d'ajustement avec notre modèle sont présentées dans les tableaux 3.2.a et 3.2.b.

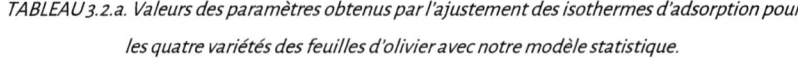
TABLEAU 3.2.a. Valeurs des paramètres obtenus par l'ajustement des isothermes d'adsorption pour les quatre variétés des feuilles d'olivier avec notre modèle statistique.

Chemlali			
T(K)	303	313	323
a_1	0.033	0.028	0.022
a_2	0.912	0.980	0.992
N	1.95	1.34	0.96
N_M (site/m²)	0.0410	0.037	0.0312
N_1	0.933	0.563	0.345
Chemchali			
a_1	0.026	0.020	0.015
a_2	0.923	0.963	0.988
N	1.919	1.422	1.111
N_M (site/m²)	0.089	0.068	0. 059
N_1	0.723	0.597	0.412
Chetoui			
a_1	0.030	0.026	0.019
a_2	0.935	0.976	0.980
N	1.672	1.250	0.982
N_M (site/m²)	0.036	0.035	0.031
N_1	0.978	0.789	0.612
Zarrazi			
a_1	0.032	0.030	0.023
a_2	0.912	0.953	0.961
N	1.81	1.45	1.22
N_M (site/m²)	0.051	0.033	0.027
N_1	0.753	0.719	0.650

TABLEAU 3.2.b Valeurs des paramètres obtenus par l'ajustement des isothermes d'adsorption des produits alimentaires avec notre modèle statistique.

Graine de pois chiche				
T(K)	278	293	303	333
a_1	0.058	0.055	0.030	0.028
a_2	0.985	0.993	0.997	0.999
N	2.509	1.892	1.274	0.870
N_M (site/m²)	0.111	0.074	0.049	0.0376
N_1	0.955	0.831	0.524	0.499
Graine de lentille				
a_1	0.048	0.037	0.020	0.015
a_2	0.989	0.995	0.997	1.04
N	2.025	1.774	1.162	1.028
N_M (site/m²)	0.0917	0.0841	0.0531	0.0376
N_1	0.947	0.939	0.836	0.810
Pomme de terre				
Temperature (K)	303	318	333	
a_1	0.069	0.057	0.034	
a_2	0.986	0.995	0.999	
N	2.092	1.77	1.063	
N_M (site/m²)	0.0887	0.0532	0.045	
N_1	0.846	0.634	0.534	
Poivron Vert				
a_1	0.048	0.041	0.036	
a_2	0.978	0.985	0.993	
N	2.003	1.907	1.602	
N_M (site/m²)	0.0588	0.0471	0.0468	
N_1	0.952	0.754	0.522	

5.1.   Interprétation stérique

5.1.1. Coefficient stœchiométrique n

Le nombre de molécules par sites n, est un coefficient stœchiométrique qui régit la dynamique de l'adsorption. Il est aussi un coefficient stérique qui donne des informations sur la position de la molécule à la surface adsorbante. En effet, la molécule a plusieurs manières d'ancrage sur les sites récepteurs en fonction de sa géométrie et de son angle d'incidence avec la surface adsorbante [22,23,26,29].

D'après les tableaux (3.2.a, 3.2.b) les valeurs de n varient de 0.87 à 2.50. Ce nombre de molécules par site est normalement un entier ou fractionnaire, mais les valeurs ajustées ne le sont pas, car ils représentent une valeur moyenne des valeurs entières successives adoptées. Selon les valeurs de n deux cas possibles d'ancrage sont distingués. Le premier est un ancrage «parallèle» lorsque n est inférieure à 1, les molécules d'eau adoptent une position parallèle à la surface d'adsorption. Dans ce cas, nous définissons le nombre d'ancrage n '= 1 / n qui représente le nombre de sites occupés par une molécule [22,23, 26]. Le deuxième cas est un ancrage « non parallèle » si le nombre de molécules par site est supérieur ou égal à 1(un site récepteur peut être occupé par plus qu'une molécule). Le nombre de molécule par site n est en principe un nombre entier aussi pour la position non parallèle et fractionnaire pour une position parallèle [22,23,26]. Les possibilités des nombres de molécules par site sont illustrées sur la figure 3.4.

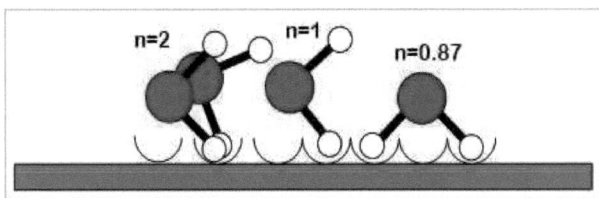

Figure 3.4. Possibilités d'ancrage de la molécule d'eau sur les sites récepteurs

Si nous prenons l'exemple de n=0.87, ce nombre est compris entre 0.5 et 1 ce qui donne un nombre d'ancrage n'= 1/n compris entre 1 et 2. Ce qui fait que la molécule d'eau peut être ancrée sur 1 ou 2 sites récepteurs. Donc les liaisons des molécules sur les aliments peuvent se faire probablement par une liaison hydrogène ou de Van der Waals [38-40]. Ceci sera détaillé ultérieurement par un calcul énergétique. Le nombre n peut être aussi écris sous forme de deux pourcentages de molécules ayant différents ancrages. En effet, si nous posons x le pourcentage des molécules ayant un seul ancrage et 1-x le pourcentage de molécules ayant deux ancrages, le nombre n s'écrit : n = x×1 + (1-x)×0.5 [22,23,26], ce qui donne 77% des molécules sont ancrées sur deux sites récepteurs et 23% des molécules sont ancrées sur un seul site. Pour un nombre de molécules par site supérieur ou égal à 1, ce qui est le cas pour la plupart des variétés, pour différentes températures, un site récepteur peut être occupé par une ou deux molécules. Nous pouvons considérer que les molécules adsorbées s'orientent suivant une position non parallèle à la surface d'adsorption. A titre d'exemple nous prenons le cas où n= 1.34 pour la variété « Chemlali » à T=313 K. Ce nombre est compris entre 1 et 2. Il peut être vu comme une moyenne de deux pourcentages différents des sites récepteurs occupés par une ou deux molécules. Ce qui fait qu'un taux de 34% des sites récepteurs est occupé par une molécule et 66% des sites sont occupés par deux molécules. Nous pouvons noter aussi que n varie en fonction de la température. Nous donnons dans les figures (3.5 .a, 3.5.b) l'évolution de n en fonction de la température pour les quatre variétés d'aliments et les variétés des feuilles d'olivier.

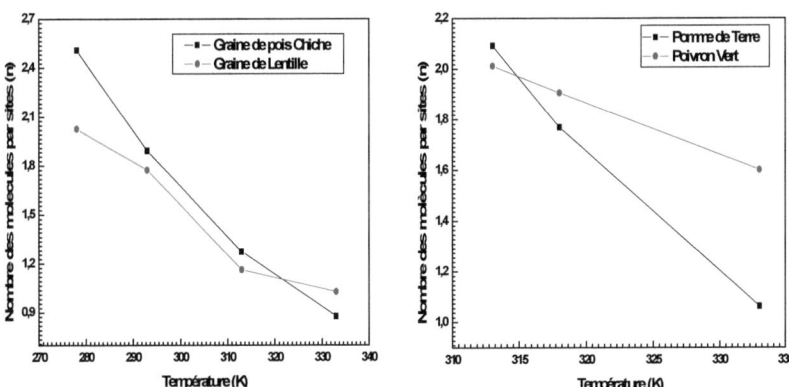

Figue. 3.5. a. Variation du nombre de molécules par site en fonction de la température pour les quatre produits alimentaires : graine de Pois Chiche, graine de Lentille, Pomme de Terre, Poivron vert.

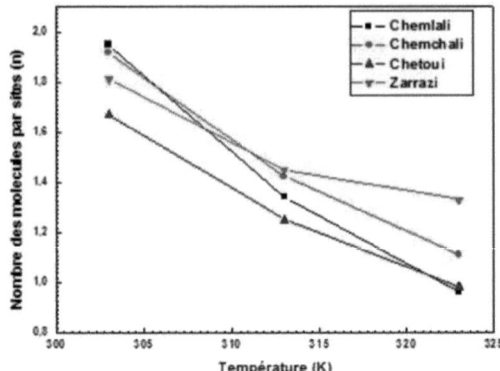

Figure. 3.5. b. Variation du nombre de molécules par site en fonction de la température pour les quatre variétés des feuilles d'olivier : Chemlali, Chemchali, Chetoui et Zarrazi.

Nous pouvons noter qu'une augmentation de la température entraine une diminution du nombre de molécule par site.

Ceci est un phénomène classique dû probablement à l'agitation thermique qui agit sur l'équation d'équilibre (3.1). Cette diminution indique un effet exothermique de la réaction (3.1). La pente de cette courbe peut donner l'enthalpie de la réaction (3.1)

5.1.2. Densité des sites récepteurs N_M

N_M est un paramètre stérique qui nous renseigne sur le nombre de sites récepteurs accessibles à la surface. Ce paramètre est relié directement à la quantité adsorbée monocouche comme le montre l'expression analytique suivante $Q_0 = n \times N_M$.

Nous donnons dans les figures (3.6 .a et 3.6.b) l'évolution de la densité des sites récepteurs en fonction de la température pour les quatre variétés d'aliments et les quatre variétés des feuilles d'olivier.

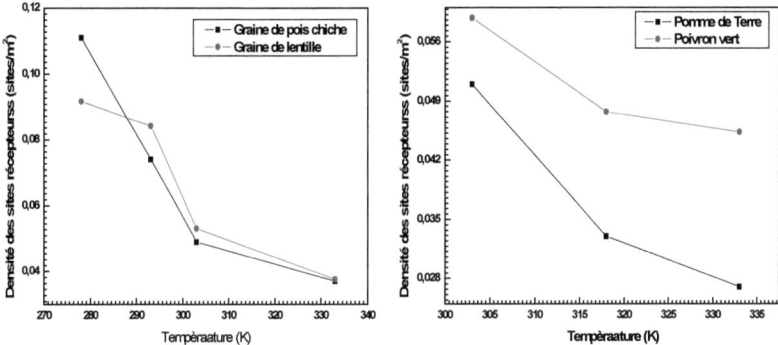

Figure. 3.6. b. Variation de la densité des sites récepteurs en fonction de la température pour les quatre aliments : graine de Pois Chiche, graine de Lentille, Pomme de Terre, Poivron vert.

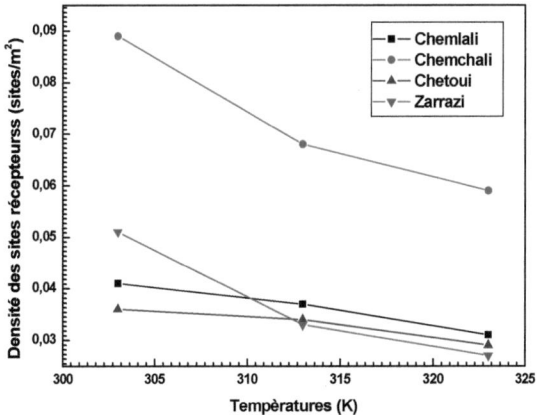

Figure. 3.6. b. Variation de la densité des sites récepteurs en fonction de la température pour les quatre variétés des feules d'olivier : Chemlali, Chemchali,Chetoui et Zarrazi

Nous pouvons noter que la densité des sites récepteurs diminue en augmentant la température.

Les figures (3.6 .a, 3.6.b) mettent l'accent sur l'effet du paramètre N_M sur le processus d'adsorption : nous pouvons remarquer une importante amélioration de la teneur en eau avec l'augmentation de de la densité des sites récepteurs (N_M). Ceci veut dire que N_M est un paramètre assez utile pour avoir des meilleures conditions pour lesquelles la capacité d'adsorption est optimale. Dans le but d'améliorer la quantité retenue à la saturation, il est donc nécessaire d'augmenter soit le nombre de molécules par site, n, soit le nombre de couches, mais le plus important c'est d'agir sur le nombre de sites récepteurs N_M.

5.1.3. Quantité adsorbée monocouche

Le deuxième paramètre stérique est la teneur en eau monocouche (Q_0) (exprimée par kg / kg matière sèche) qui dépend du nombre de molécules par site (n) et la densité des sites récepteurs (N_M) [40]. Il correspond à la teneur en eau à laquelle le produit est stable. Cette information est très utile en industrie alimentaire, parce qu'au cours du stockage d'un produit alimentaire à une activité qui correspond à une adsorption monocouche, ceci lui permet de maximiser sa durée de vie [23]. Notons que cette quantité monocouche prend des valeurs différentes en fonction de la température. Les figures 3.7.a et 3.7 .b, illustrent l'évolution de Q_0 en fonction de la température.

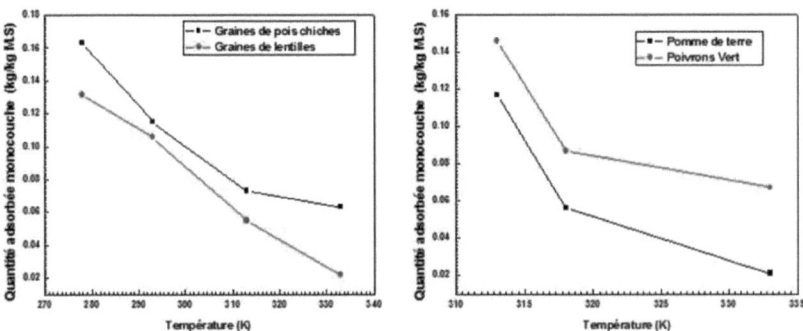

Figure. 3.7.a. Variation de la quantité adsorbée monocouche Q_0 en fonction de la température pour les quatre variétés d'aliments : graine de pois chiche, graine de lentille, pomme de terre, poivron vert.

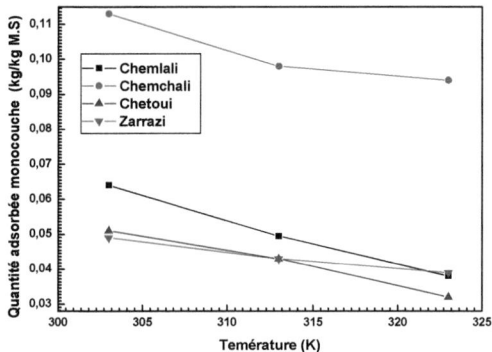

Figure. 3.7. b. Variation de la quantité adsorbée monocouche Q_0 en fonction de la température pour les quatre variétés de feuilles d'olivier.

Nous pouvons noter qu'une augmentation de la température entraine une diminution de la quantité adsorbée monocouche pour le cas des feuilles d'olivier et pour les quatre variétés de produits alimentaires. Ceci est dû probablement au caractère exothermique de la réaction d'adsorption. Ce paramètre Q_0 est très connu dans la littérature et figure dans la majorité des modèles. Nous portons dans les tableaux 3.3.a. et 3.3.b, les valeurs de Q_0 obtenues par la même méthode d'ajustement avec notre modèle.

TABLEAU.3.3.a. Valeurs de teneur en eau monocouche pour les quatre variétés des produits alimentaires (Q_0) obtenus par notre modèle (kg/kg M.S).

	Graine de pois chiche				Graine de lentille				Pomme de terre			Poivron vert		
T(K)	278	293	313	333	278	293	313	333	313	318	333	313	318	333
Q_0 Notre modèle (kg/kg M.S)	0.163	0.115	0.073	0.063	0.131	0.106	0.054	0.022	0.117	0.056	0.021	0.146	0.087	0.067

TABLEAU.3.3.b. Valeurs de teneur en eau monocouche pour les quatre variétés des feuilles d'olivier (Q_0) obtenus par notre modèle (kg/kg M.S)

Type de variétés	Chemlali			Chemchali			Chetoui			Zarrazi		
T (K)	303	313	323	303	313	323	303	313	323	303	313	323
Q_0 Notre modèle (kg/kg M.S)	0.060	0.049	0.038	0.113	0.098	0.091	0.051	0.043	0.035	0.048	0.047	0.043

A partir des tableaux 3.3.a et 3.3.b, nous pouvons noter que les valeurs de Q_0 obtenues par notre modèle pour l'adsorption de la vapeur d'eau sur graines de pois chiche, graines de lentilles, pommes de terre et poivrons verts varient entre 0.131 et 0.022 kg/kg matière sèche. A partir du paramètre Q_0 nous pouvons déterminer une autre caractéristique de la surface adsorbante qui est la surface spécifique. Cette dernière est très importante puisqu'elle représente la surface totale offerte à la molécule d'eau adsorbée. Nous avons calculé la surface spécifique en utilisant la relation suivante [22,23].

$$S\,(m^2\,/\,kg) = \frac{Q_0 N_A A_{H_2O}}{M_{H_2O}}$$ (3.11)

avec N_A est le nombre d'Avogadro ($6,02\,10^{23}$), A est la surface d'une molécule d'eau supposée plane ($10,6\,10^{-20}$ m^2) et M_{H_2O} est la masse molaire d'eau (18 kg/k mol).

Nous donnons dans le tableau 3.4.a, et 3.4.b, la surface spécifique d'adsorption pour les différents produits alimentaires et pour les quatre variétés des feuilles d'olivier en fonction de la température.

	Graine de pois chiche				Graine de lentille				Pomme de terre			Poivron vert		
T(K)	278	293	313	333	278	293	313	333	313	318	333	313	318	333
S (m²/kg)	578.14	407.8	258.92	223.45	464.46	375.96	191.53	78.03	414.98	198.62	74.48	517.84	308.57	131.2

TABLEAU 3.4.a. Variation des surfaces spécifiques d'adsorption pour les graines de pois chiches, les graines de lentilles, les pommes de terre et les poivrons verts en fonction de la température.

Variétés	Chemlali			Chemchali			Chetoui			Zarrazi		
T (K)	303	313	323	303	313	323	303	313	323	303	313	323
S (m²/kg)	212.813	173.797	134.781	400.79	347.594	301.484	180.89	152.515	124.140	170.250	150.453	145.421

TABLEAU 3.4.b. Variation des surfaces spécifiques d'adsorption pour les quatre variétés des feuilles d'oliviers : Chemlali, Chemchali, Chetoui, Zarrazi en fonction de la température.

Nous remarquons que la surface spécifique d'adsorption diminue en fonction de la température pour les quatre produits. Cette variation est considérable donc la capacité d'adsorption de la surface est plus grande pour la température la plus faible. Ceci peut être observé clairement dans les figures (3.8.a et 3.8.b) qui représentent la variation de la surface spécifique d'adsorption en fonction de la température, pour les quatre produits alimentaires. Ainsi, la capacité d'adsorption de la surface est importante lorsque la température est la plus faible. Sous l'effet de la température, il y'aura probablement une dilatation ou contraction de la surface (qui es notre cas), ce qui diminue la surface accessible à la molécule d'eau.

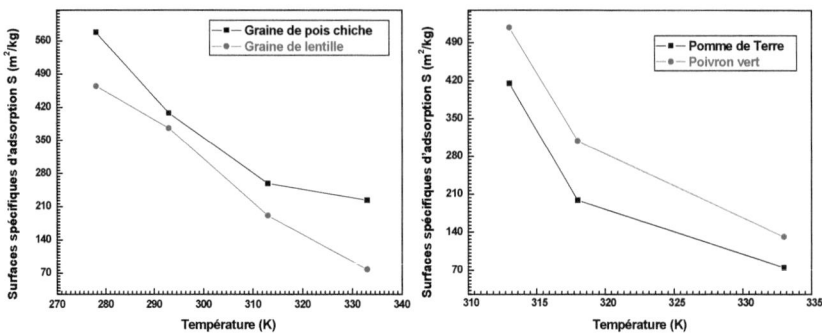

Figure.3.8. a . Variation de la surface spécifique des produits alimentaires en fonction de la température.

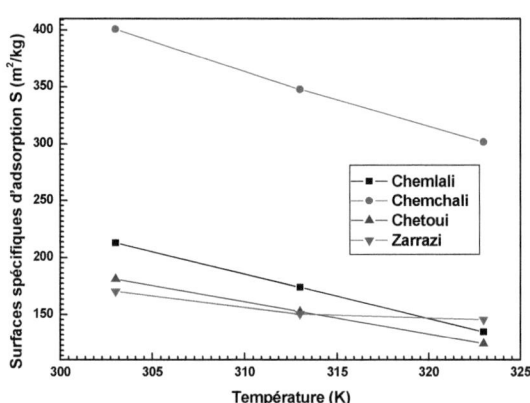

Figure.3.8.b. Variation de la surface spécifique des feuilles d'Olivier en fonction de la température.

Nous remarquons aussi que la surface spécifique n'est pas la même pour les quatre produits alimentaires et pour les quatre variétés des feuilles d'olivier c.à.d. que la surface spécifique diffère d'un produit à un autre. Ceci indique que non seulement la composition chimique agit sur la surface spécifique mais aussi d'autres facteurs sont aussi importants tels que l'hétérogénéité de surface, la porosité et l'énergie d'adsorption [43-44].

5.1.4. Nombre de couche N_1

Le troisième paramètre physico-chimique qui affecte l'adsorption de l'eau est le nombre de couches N_1 formé avec l'énergie $(-\varepsilon_1)$ qui traduit l'interaction de la vapeur d'eau avec la surface. Les valeurs estimées de N_1 sont déduites de l'ajustement des isothermes d'adsorption avec notre modèle. Nous donnons dans les figures 3.9.a et 3.9.b l'évolution du nombre de couche N_1 en fonction de la température.

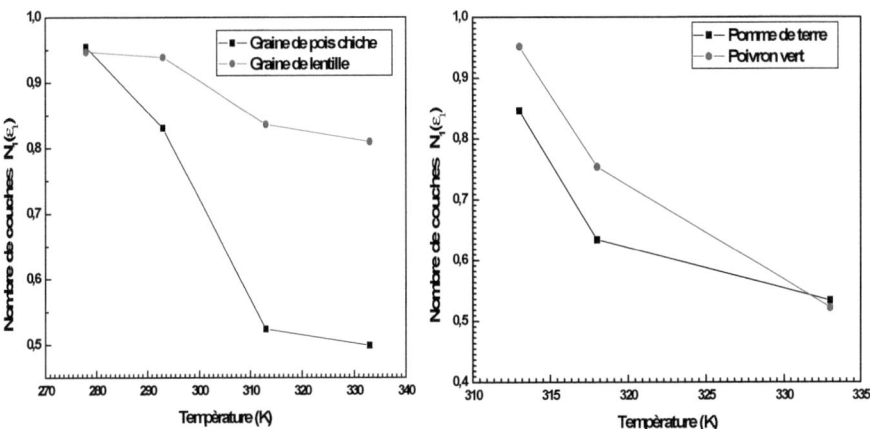

Figure. 3.9.a. Variation du nombre de couche N_1 pour les quatre variétés du produits alimentaires en fonction de la température.

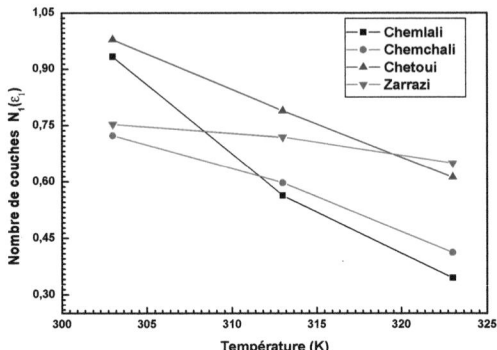

Figure. 3.9.b. Variation du nombre de couche N_1 pour les quatre variétés des feuilles d'olivier en fonction de la température.

Le nombre N_1 varie de 0.846 pour la pomme de terre à 303 K à 0.939 pour les graines de lentilles à 293K, et pour le cas de «Chemlali» le nombre de couche N_1 varie de 0.933 à 0.345 en augmentant la température. Nous pouvons noter que l'augmentation de la température provoque une diminution de N_1 pour les différents produits et par conséquent, une diminution de la teneur en eau [26]. Ceci est dû probablement à l'agitation thermique qui agit sur les forces d'interaction avec la surface et par suite diminution de N_1. Le nombre de couche N_1 est inférieur à 1 ce qui confirme l'élimination de modèle GAB.

5.2. Interprétation énergétique

A partir des deux paramètres énergétiques sans dimension a_1, a_2 et la valeur de l'énergie molaire de vaporisation de l'eau ΔE_v, il est possible de calculer les énergies d'adsorption. Ainsi, les énergies d'adsorption molaires sont exprimées par :

$$\Delta E_{a,1} = \Delta E_v - RT \ln a_1 \qquad \text{(3.12.a)}$$

$$\Delta E_{a,2} = \Delta E_v - RT \ln a_2 \qquad \text{(3.12.b)}$$

La première énergie $\Delta E_{a,1}$ donne une information sur l'interaction entre l'eau et la surface d'adsorption de l'aliment alors que la seconde $\Delta E_{a,2}$ représente l'énergie d'interaction eau-eau à l'état adsorbée.

Nous pouvons noter que les valeurs des énergies d'adsorption calculées (ne dépassent pas 50kJ/mol) montrent que la liaison entre la molécule de la vapeur d'eau et la surface a lieu avec une adsorption physique. L'énergie $\Delta E_{a,1}$ pour la région de l'adsorption monocouche, peut correspondre à des liaisons hydrophiles sur des sites polaires ou des interactions dipolaires, des liaisons hydrogènes, des liaisons Van der Waals [40,42].La seconde énergie $\Delta E_{a,2}$ correspondant à l'interaction H_2O-H_2O dans la région multicouches est plus faible que les valeurs de $\Delta E_{a,1}$.

La variation des énergies d'adsorption est illustrée sur les figures (3.10.a) et (3.10.b).

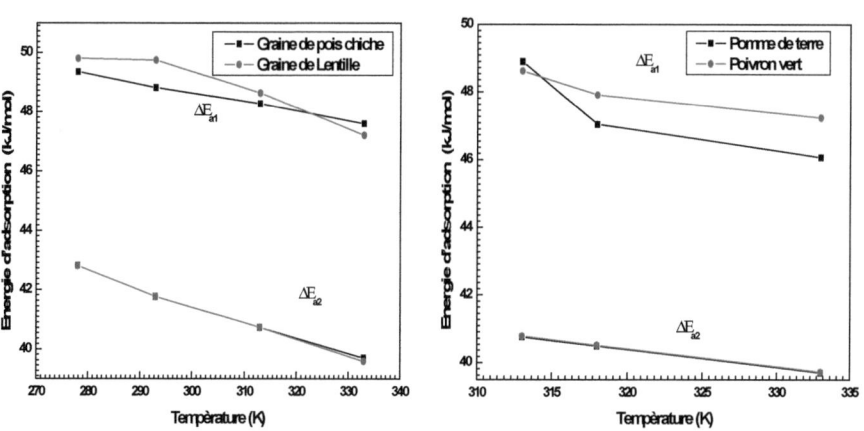

Figure.3.10.a. Variation des énergies d'adsorption pour les quatre produits alimentaires en fonction de la température.

81

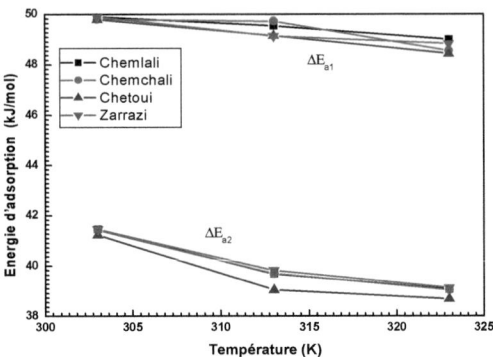

Figure.3.10.b. Variation des énergies d'adsorption pour les quatre variétés des feuilles d'olivier en fonction de la température

Les valeurs des énergies d'adsorption $\Delta E_{a,1}$ et $\Delta E_{a,2}$ sont négatives donc le processus d'adsorption est exothermique. Ces énergies diminuent en module en fonction de la température, suite probablement à l'agitation thermique qui dilate les longueurs de liaison [45-46].

6. Fonctions thermodynamiques

Une étude classique du système peut aboutir aux fonctions thermodynamiques à partir de la loi de Van't Hoff [47] :

$$\frac{d\ln K_{éq}^0}{dT} = \frac{\Delta H}{RT^2} \tag{3.12}$$

avec $K_{éq}^0$ est la constante d'équilibre, T est la température, ΔH est l'enthalpie, R est la constante des gaz parfaits.

Les paramètres thermodynamiques liés au processus d'adsorption [48-51], tels que l'entropie, l'énergie libre de Gibbs et l'enthalpie peuvent être déterminés par le formalisme de la physique statistique. En utilisant l'expression de la fonction de partition grand canonique, nous proposons un calcul de ces grandeurs ainsi qu'une interprétation de l'évolution de ces fonctions.

6.1. Entropie de configuration

L'information fournie par l'entropie est très importante dans la caractérisation du comportement des molécules adsorbées. L'entropie, qui décrit le désordre au cours du processus d'adsorption est proportionnelle au nombre configurationnel nécessaire pour atteindre ce processus [23,26,51]. Dans le cas de l'ensemble micro-canonique, dans lequel toutes les configurations sont équiprobables, nous pouvons utiliser le postulat de Boltzmann pour calculer l'entropie [26,52,53]:

$$S = k_B \ln \Omega \qquad (3.13)$$

Ω représente le nombre de configurations possibles pour réaliser l'adsorption des N_M molécules sur les sites récepteurs possibles. Cette entropie peut être écrite toujours dans le cas de l'ensemble grand-canonique (qui est notre cas) en fonction des probabilités P_i qui ne sont pas égales tel que

$$S = - k_B \Sigma P_i \ln P_i \qquad (3.14)$$

L'entropie peut être calculée également en exploitant le grand potentiel J et la fonction de partition grand canonique Z_{gc} [23,26,52,53]:

$$J = U_a - \mu N_a + TS = -\frac{\partial}{\partial \beta} \ln Z_{gc} - T.S = -kT \ln Z_{gc} \qquad (3.15)$$

L'entropie est alors exprimée par [23,26,52,53]:

$$\frac{S}{k_B} = -\beta \frac{\partial \ln(Z_{gc})}{\partial \beta} + \ln(Z_{gc}) \qquad (3.16)$$

Ainsi en utilisant l'expression de la fonction de partition Z_{gc} donnée par la relation (3.4) nous pouvons accéder à l'expression de l'entropie S. Vu la complexité de l'expression de S. Nous illustrons le graphe de S en fonction de l'activité pour différentes température (figure 3.11.a) pour les produits alimentaires et pour le cas des feuilles d'olivier, la figure est donnée dans l'annexe A_2. L'expression de S est donnée dans l'annexe A_1.

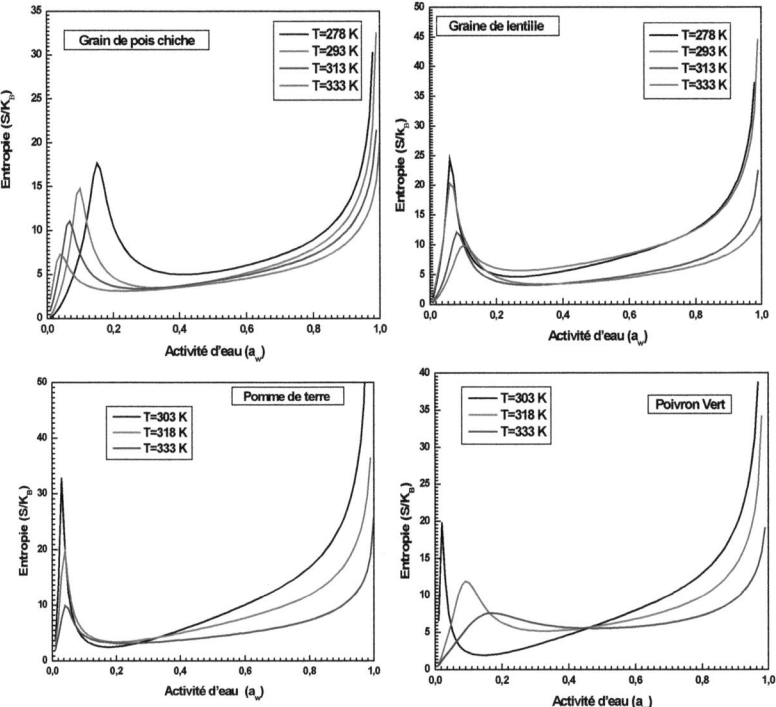

Figure 3.11.a. Evolution de l'entropie d'adsorption en fonction de l'activité d'eau à différentes températures pour les quatre variétés d'aliments : graine de Pois Chiche, graine de Lentille, Pomme de Terre, Poivron vert.

Nous remarquons d'après la figure (3.11.a) et la figure (3.11.b dans l'annexe A_2) que la variation de l'entropie en fonction de l'activité d'eau suit deux comportements différents avant (a_1) et après (a_2). L'entropie augmente en fonction de l'activité de l'eau avant a_1 et diminue après ce point particulier, puis augmente de nouveau après (a_2) vers une valeur infinie. En effet, lorsque l'activité de l'eau est inférieure à (a_1), la molécule a plusieurs possibilités pour choisir un site récepteur le désordre augmente au niveau de la surface d'adsorption [23, 54,55]. Lorsque l'activité de l'eau atteint a_1 la molécule libre possède une faible probabilité de choisir un site inoccupé parce que la surface tend vers la saturation monocouche. L'entropie augmente de nouveau lorsqu'il y a formation d'un nombre de couche infini et un désordre total peu y avoir lieu.

Nous remarquons d'après les figures (3.11.a et 3.11.b) pour la même valeur de la quantité adsorbée que plus la température est faible plus l'entropie est importante. Ceci montre que le désordre est plus important pour les températures les plus basses vu que le nombre de sites occupés augmente à faible température.

6.2. L'enthalpie libre de Gibbs

Nous pouvons accéder à l'enthalpie libre de Gibbs à partir du potentiel chimique donné par la relation (3.2) et le nombre d'occupation des sites récepteurs donné par la relation (3.6). Ainsi l'enthalpie libre de Gibbs peut s'écrire comme suit :

$$G = \mu N_o \tag{3.17}$$

L'expression de l'enthalpie de Gibbs est donnée dans l'annexe A_3.

Nous représentons dans la figure (3.12.a) l'évolution de l'enthalpie libre de Gibbs en fonction de l'activité de l'eau pour les séries des aliments et pour différentes températures. L'évolution de l'enthalpie libre de Gibbs pour les quatre variétés des feuilles d'oliviers est donnée dans la figure (3.12.b dans l'annexe A_4).

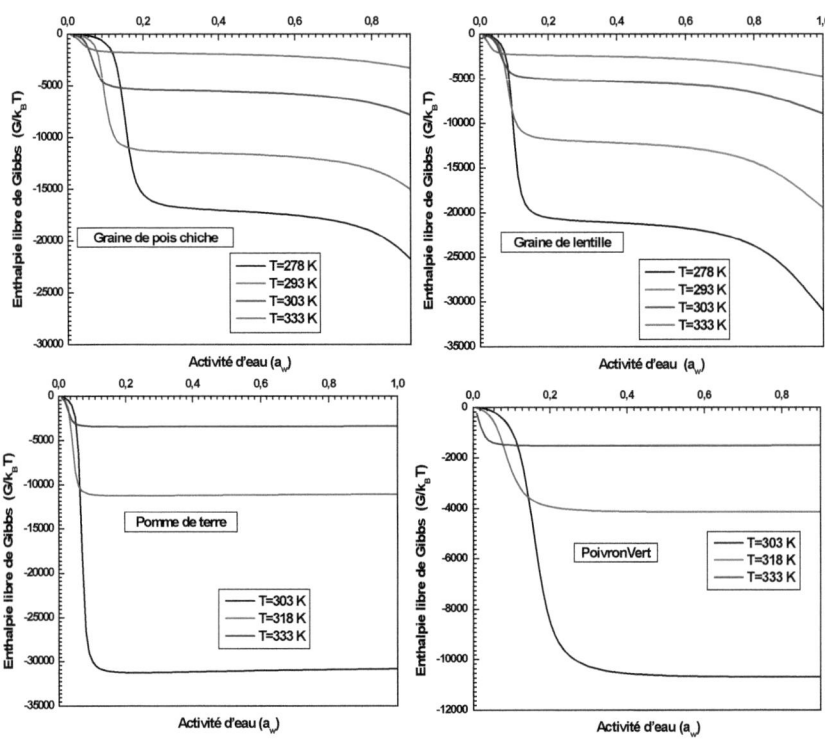

Figure 3.12.a. Evolution de l'enthalpie libre de Gibbs en fonction de l'activité d'eau pour différentes températures pour les quatre produits alimentaires.

Nous pouvons observer à partir des figures (3.12.a) et (3.12.b dans l'annexe A₄) que toutes les valeurs de G sont négatives ce qui signifie que l'adsorption se produit spontanément. Il est aussi à noter que la variation de l'enthalpie libre de Gibbs est importante au début de l'adsorption pour des faibles activités [54-57]. En effet, aux faibles taux de recouvrement la quantité adsorbée augmente rapidement vers les sites de la surface ayant une haute énergie d'adsorption. Lorsque le recouvrement augmente, l'adsorption diminue puisque le nombre de sites vides devient de plus en plus faible. Proche de la saturation, la réaction d'adsorption devient difficile puisque quelques sites récepteurs sont vides. A ce niveau, la variation de l'enthalpie libre d'adsorption est proche de zéro. La variation de l'enthalpie libre avec la température est la même pour tous les produits alimentaires. Nous constatons que l'élévation de la température diminue la spontanéité du processus d'adsorption, et donc favorise la désorption.

6.3. Enthalpie

En général, une réaction chimique est décrite en termes thermodynamiques par trois grandeurs fondamentales : l'entropie S, l'enthalpie libre de Gibbs G, et l'enthalpie H. l'entropie correspond à l'énergie à fournir sous forme thermique. L'enthalpie libre est le travail à fournir sous forme d'énergie électrochimique et l'enthalpie (H) est la quantité d'énergie totale à fournir pour que la réaction soit réalisée [58].

Les trois grandeurs sont corrélées par la relation suivante [58-62] :

$$H = G + TS \tag{3.18}$$

En utilisant les équations (3.14), (3.16) et (3.18), nous avons calculé les valeurs de l'enthalpie H. L'expression de l'enthalpie est donnée dans l'annexe A_5.

Nous avons représenté sur la figure 3.13.a. l'évolution de l'enthalpie en fonction l'activité de l'eau pour les quatre produits alimentaires à différentes températures et la figure (3.13.b dans l'annexe A_6) la variation de l'enthalpie en fonction de l'activité d'eau pour les quatre variétés des feuilles d'olivier à trois températures.

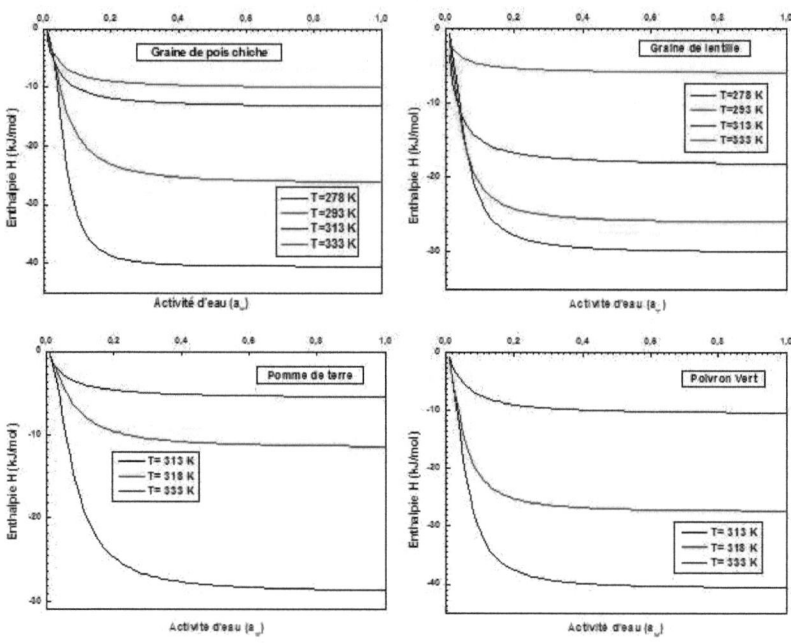

Figure .3.13a. Evolution de l'enthalpie en fonction de l'activité d'eau à différentes températures pour les quatre produits alimentaires.

Pour caractériser un système thermodynamique, l'enthalpie s'avère une grandeur caractéristique de l'interaction adsorbât-adsorbant. Pour une liaison hydrogène l'enthalpie molaire ne dépasse pas 30 kJ mol^{-1} [60] alors qu'une interaction de type van der Waals possède une enthalpie généralement entre 4 et 10 kJ mol^{-1}[61] Les forces de liaison hydrophobe sont de l'ordre de 5 kJ mol^{-1} alors qu'une liaison de coordination est aux environs de 40 kJ mol^{-1} et les forces dipolaires possèdent une énergie variant de 2 à 29 kJ mol^{-1} [61-63]. Les forces de liaison chimique sont généralement au-delà de 80 kJ mol^{-1} [61-63]. Nous pouvons noter que les valeurs d'enthalpie d'adsorption (H) obtenus dans cette étude ne dépassent pas 20 kJmol^{-1}. Ce qui confirme que les énergies de liaisons sont de nature liaison hydrogène ou interaction dipôle-dipôle. De plus, les valeurs des enthalpies sont négatives ce qui montre qu'il s'agit d'un processus exothermique [63].

7. Conclusion

Par le moyen de l'ensemble grand canonique de la physique statistique et de l'application des approches simplificatrices, nous avons établi une nouvelle expression théorique d'un modèle à deux énergies infini pour modéliser l'adsorption de l'eau sur quatre variétés des feuilles d'olivier (Chemlali, Chemchali, Chetoui, Zarrazi) par la suite nous avons vérifié la validité du modèle proposé aux produits alimentaire (graine de pois chiche, graine de lentille, pomme de terre, poivrons vert) pour différentes températures. Le modèle présente certaines caractéristiques qui décrivent l'adsorption de la molécule d'eau et l'interaction avec les sites récepteurs d'adsorption tels que le nombre de molécules par site, la densité des sites récepteurs, la quantité monocouche adsorbée, le nombre de couches et deux paramètres énergétiques. Nous avons étudié en premier lieu les paramètres stériques qui donnent des informations sur la géométrie et la topographie du couple adsorbât-adsorbant tels que le nombre ou la fraction de molécule (s) adsorbée(s) par site, n, la densité des sites récepteurs, N_M, le nombre de couche formé avec l'énergie $(-\varepsilon_1)$, N_1, et la quantité adsorbée monocouche, Q_0. En seconde étape, en utilisant les valeurs des paramètres a_1 et a_2 nous avons calculé les énergies d'adsorption. Nous avons montré que lorsque l'interaction entre les molécules d'adsorbât a lieu, la quantité adsorbée diminue et ceci a été prouvé par notre modèle théorique. Nous avons aussi étudié quelques fonctions thermodynamiques déterminées à partir du formalisme grand canonique selon notre modèle théorique tel que l'entropie, l'enthalpie libre de Gibbs et l'enthalpie. L'évolution de l'entropie nous a permis de suivre le désordre à la surface adsorbante à différentes températures et pour différentes valeurs de la quantité adsorbée. Alors que l'évolution de l'enthalpie libre de Gibbs en fonction de l'activité de l'eau nous a confirmé la spontanéité du processus d'adsorption et qu'il s'agit d'une réaction exothermique.

Références

[1] A. Martín, Mosquera. Simple isotherm equations to fit type I adsorption data. *Fluid Phase Equilibria*, **337**, 174–182 (2013).

[2] L. Czepirski, E. Komorowska-Czepirska, J. Szymon,´ ska, Fitting of different models for water vapour sorption on potato starch granules. *Applied Surface Science*, **196**, 150–153 (2002).

[3] L. Czepirski, E. Komorowska-Czepirska, J. Szymon,´ ska, Adsorptive properties of biobased adsorbents. *Adsorption*, **11**, 757–761 (2005).

[4] L. Czepirski, E. Komorowska-Czepirska, & J. Szymon,´ ska, Sorption Isotherms and Heat of Sorption of Pineapple, *Journal of Food Engineering*, **48**, 103–107 (2005).

[5] P.P. Lewicki, Water Sorption Isotherms and Their Estimation in Food Model Mechanical Mixtures. Journal of Food Engineering, **32**, 47–68 (1997).

[6] A. H. Al-Muhtaseb, W. A. M. McMinn, T. R. A. Magee, Water Vapor Sorption Isotherms of Starch Powders Part 1: Mathematical Description of Experimental Data. *Journal of Food Engineering*, **61**, 297–307 (2004).

[7] J. Blahovec, S. Yanniotis, Modified classification of sorption isotherms. *Journal of Food Engineering*, **91**, 72-77 (2009).

[8] P.P. Lewicki, Raoult's Law Based Food Water Sorption Isotherm, *Journal of Food Engineering*, **43**, 31–40 (2000).

[9] D. N. Menkov, Moisture Sorption Isotherms of Chickpea Seeds at Several Temperatures, *Journal of Food Engin*eering, **45**, 189–194 (2000a).

[10] D. N. Menkov, Moisture Sorption Isotherms of Lentil Seeds at Several Temperatures, **Journal of Food Engineering, 44, 211–505 (2000b).**

[11] M. A. W. McMinn, A. R. T. Magee, Thermodynamic Properties of Moisture Sorption of Potato. *Journal of Food Engineering*, **60**, 157–165 (2003).

[12] F. Kaymak-Ertekin, M. Sultanoglu, Moisture Sorption Isotherm Characteristics of Peppers. *Journal of Food Engineering*, **47**, 225–231 (2001).

[13] R. Moreira, F. Chenlo, M. J. Va´zquez, P. Camea´n, Sorption isotherms of turnip top leaves and stems in the temperature range from 298 to 328 K, *Journal of Food Engineering*, **71**, 193–199 (2005).

[14] M. Onoja, A. Akpa, I. Emmanuel, Unuabonah, Small-Sample Corrected Akaike Information Criterion: An appropriate statistical tool for ranking of adsorption isotherm models, *Desalination*, **272**, 20–26 (2011).

[15] B. R. R. Singh, H. K. Rao, R. S. A. Anjaneyulu, R. G. Patil, Moisture sorption properties of smoked chicken sausages from spent hen meat, *Food Research International*, **34**, 143–148 (2001).

[16] A. H. Al-Muhtaseb, W. A. M. McMinn, T. R. A. Magee, Moisture Sorption Isotherm Characteristics of Food Products. *Trans IChemE*, **80**, 118–128 (2002).

[17] L. Bell, T. Labuza, Moisture Sorption: Practical Aspects of Isotherm Measurement and Use. *American Association of Cereal Chemists Inc Saint Paul*, **122**, 33-36 (2000).

[18] S. Knani, Contribution à l'étude de la gustation des molécules sucrées à travers un processus d'adsorption. Modélisation par la physique statistique, **Thèse de Doctorat**, Faculté des Sciences de Monastir et Université de Reims Champagne Ardenne (2007).

[19] A. Ben Lamine, Y. Bouazra, Application of statistical thermodynamics to the olfaction mechanism. *Chemical Senses*, **22**, 67–75 (1997).

[20] M. Khalfaoui, S. Knani, M. A. Hachicha, A. Ben Lamine, New theoretical expressions for the five adsorption type isotherms classified by BET based on statistical physics treatment. *Journal of Colloid and Interface Science*, **263**, 350–356 (2003).

[21] S. Knani, M. Khalfaoui, M. A. Hachicha, A. Ben Lamine, M. Mathlouthi, Modeling of water vapor adsorption on foods products by a statistical physics treatment using the grand canonical ensemble. *Food Chemistry*, **132**, **1686–1692 (2012)**.

[22] S. Knani, M. Khalfaoui, M. A. Hachicha, M. Mathlouthi, A. Ben Lamine, Interpretation of psychophysics response curves using statistical physics, *Food Chemistry*, **151,487–499 (2014)**.

[23] S. Knani, F. Aouaini, N. Bahloul, M. Khalfaoui, M. A. Hachicha, A. Ben Lamine, N. Kechaou, Modeling of adsorption isotherms of water vapor on Tunisian olive leaves using statistical mechanical formulation, *Physica* A, **400**, **57–70 (2014)**.

[24] L. Couture, R. Zitoun, Physique Statistique : Ellipses Paris **(1992)**.

[25] B. Diu, C. Guthmann, D. Lederer, B. Roulet, Physique Statistique: Hermann Paris **(1989)**.

[26] F. Aouaini, S. Knani, M. Ben Yahia, N. Bahloul, N. Kechaou, A. Ben Lamine, Application of Statistical Physics on the Modeling of Water Vapor Desorption Isotherms. *Drying Technology*, **32,1905-1922 (2014)**.

[27] www.cpt.jussieu.fr/ users / lhuilier / coursCLhuillier.htm

[28] T. Hoopman, G. Birch, S. Serghat, M. O. Portmann, M. Mathlouthi, Solute- solvent interactions and the sweet taste of small carbohydrates. Part II: Sweetness intensity and persistence in ethanol-water mixtures, *Food Chemistry*, **46,147-153 (1993)**.

[29] G. L. Dotto, L. A. A. Pinto, M. A. Hachicha, S. Knani, New physicochemical interpretations for the adsorption of food dyes on chitosan films using statistical physics treatment, *Food Chemistry*, **171,1–7 (2015)**.

[30] G. D. Kinniburgh, A. J. Barker, M. Whitfield, A Comparison of Some Simple Adsorption Isotherms for Describing Divalent Cation Adsorption by Ferrihydrite. *Journal of Colloid and Interface Science*, **95,370-384** (1983). .

[31] S. Rangabhashiyam, N. Anu, M. S. Giri Nandagopal, N. Selvaraju, Relevance of isotherm models in biosorption of pollutants by agricultural byproducts, *Journal of Environmental Chemical Engineering*, **2,398–414 (2014)**.

[32] S. J. Piccin, G. L. M. Vieira, O. J. Gonçalves, L. G. Dotto, A. A. L. Pinto, Adsorption of FD&C Red No. 40 by chitosan: Isotherms analysis. *Journal of Food Engineering*, **95,16–20 (2009)**.

[33] Li. Li-Fen, X. X. Liang, Z. Q. Li, The thermal hysteresis activity of the type I antifreeze protein: A statistical mechanics model. *Chemical Physics Letter*, **472,124–127 (2009)**.

[34] A. Kapoor, R. T. Yang, Correlation of equilibrium adsorption data of condensable vapours on porous adsorbents. *Gas Separation & Purification*, **3,187–192 (1989)**.

[35] J. Chirife, A. H. Iglesias, Equations for fitting water sorption isotherms of foods: Part I A review. *Journal of Food Technology*, **13,159-174 (1978)**.

[36] F. M. Machado, C. P. Bergmann, T. H. M. Fernandes, E. C. Lima, B. Royer, T. Calvete, S. B. Fagan, Adsorption of Reactive Red M-2BE dye from water solutions by multi-walled carbon nanotubes and activated carbon. *Journal of Hazardous Materials*, **192,1122–1131 (2011)**.

[37] N. F. Cardoso, R. B. Pinto, E. C. Lima, T. Calvete, C. V. Amavisca, B. Royer, M. L. Cunha, T. H. M. Fernandes, I. S. Pinto, Removal of remazol black B textile dye from aqueous solution by adsorption. *Desalination*, **269, 92–103 (2011)**.

[38] S. Basu, S. U. Shivhare, S. A. Mujumdar, Model for sorption isotherms for food: A review. *Drying Technology*, **24, 917–930 (2006)**.

[39] C. S. Dutcher, Ge. Xinlei, A. S. Wexler, S. L. Clegg, Statistical Mechanics of Multilayer Sorption: Extension of the Brunauer_Emmett_Teller (BET) and Guggenheim_Anderson_de Boer (GAB) Adsorption Isotherms. *Journal of the American Chemical Society*, **115, 16474–16487 (2011)**.

[40] C. S. Dutcher, Ge. Xinlei, A. S. Wexler, S. L. Clegg Statistical Mechanics of Multilayer Sorption: 2. Systems Containing Multiple Solutes. *Journal of the American Chemical Society*, **116(2), 1850–1864 (2012)**.

[41] G. Halsey, Physical adsorption on non-uniform surfaces, *Journal of Chemical Physics*, **16,** **931–937 (1948)**.

[42] M. Peleg, Assessment of a semi-empirical four parameter general model for sigmoid moisture sorption isotherms, *Journal of Food Process Engineering,* **16** 21–37(1993).

[43] S. Brunauer, P. H. Emett, E. Teller, Adsorption of Gases in Multimolecular Layers, *Journal of the American Chemical Society,* **60, 309-319 (1938)**.

[44] M. Mathlouthi, B. Roge, Water vapour sorption isotherms and the caking of food powders, *Food Chemistry,* **82 61-71 (2003)**.

[45] P. T. Labuza, A. Kaanane, Y. J. Chen, Effects of temperature on the moisture sorption isotherms and water activity shift of two dehydrated foods. *Journal of Food Science,* **50, 385–392 (1985)**.

[46] S. Furmaniak, P. A. Terzyk, A. P. Gauden, G. Rychlicki, Simple model of adsorption in nanotubes. *Journal of Colloid and Interface Science,* **295,** 310–317 **(2006)**.

[47] T. Calvete, E. C. Lima, N. F. Cardoso, S. L. P. Dias, F. A. Pavan, Application of carbon adsorbents prepared from the Brazilian-pine fruit shell for removal of Procion Red MX 3B from aqueous solution – kinetic, equilibrium, and thermodynamic studies. *Journal of Chemical & Engineering,* **155,** 627–636 **(2009)**.

[48] S. Furmaniak, P. A. Terzyk, R. Gołembiewski, A. P. Gauden, L. Czepirski, Searching the most optimal model of water sorption on foodstuffs in the whole range of relative humidity. *Food Research International,* **42, 1203–1214 (2009)**.

[49] S. Furmaniak, A. P. Gauden, P. A. Terzyk, P. R. Wesołowski, G. Rychlicki, Improving fundamental ideas of Dubinin, Serpinsky and Barton—Further insights into theoretical description of water adsorption on carbons. *Annales UMCS (Sectio AA, Chemia, UMCS Lublin– Polonia),* **60, 151–182 (2005)**.

[50] S. Furmaniak, A. P. Gauden, P. A. Terzyk, G. Rychlicki, Water adsorption on carbons-Critical review of the most popular analytical approaches. *Advances in Colloid and Interface Science,* **137, 82–143 (2008)**.

[51] S. Furmaniak, P. A. Terzyk, A. P. Gauden, G. Rychlicki, Applicability of the generalised D'Arcy and Watt model to description of water sorption on pineapple and other foodstuffs. *Journal of Food Engineering,* **79, 718–723 (2007)**.

[52] M. Ben Yahia, F. Aouaini, M. A. Hachicha, S. Knani, M. Khalfaoui, A. Ben Lamine, Thermodynamic study of krypton adsorbed on graphite using statistical physics treatment. *Journal of Physica B,* **19, 100–104 (2013)**.

[53] M. Khalfaoui, A. Nakhli, Ch. Aguir, A. Omri, M. F. M'henni, A. Ben Lamine, Statistical thermodynamics of adsorption of dye DR75 onto natural materials and its modifications: double-layer model with two adsorption energies, *Environmental Science and Pollution Research,* **21, 3134–3144 (2014)**.

[54] M. Ben Yahia, S. Knani, H. Dhaou, M. A. Hachicha, A. Jemni, A. Ben Lamine, Modeling and interpretations by the statistical physics formalism of hydrogen adsorption isotherm on $LaNi_{4.75}Fe_{0.25}$. *International journal of hydrogen energy,* **38, 536-542 (2013)**.

[55] S. Kaya. T. Kahyaoglu, Thermodynamic Properties and Sorption Equilibrium of Pestil (Grape Leather). *Journal of Food Engineering,* **71, 200–207 (2005)**.

[56] M. Khalfaoui, M. H. V. Baouab, R. Gauthier, A. Ben Lamine, Acid Dye Adsorption Onto Cationized Polyamide Fibers. Modeling and Consequent Interpretations of Model Parameter Behaviors. *Journal of Colloid and Interface Science,* **296,** 419–427 **(2006)**.

[57] M. D. Lie´banes, J. M. Aragon, M. C. Palancar, G. Arevalos, D. Jime´nez, Equilibrium moisture isotherms of two-phase solid olive oil by products: Adsorption process thermodynamics. *Colloids and Surfaces A: Physicochemical and Engineering Aspects,* **282–283, 298–306 (2006)**.

[58] R. Rivera-Tinoco, « Etude technico-économique de la production d'hydrogène à partir de l'électrolyse haute température pour différentes sources d'énergie thermique », thèse, Ecole Nationale Supérieure des Mines de Paris, (2009).

[59] D. J. Sullivan, Jr, T. G. Felbeck, The interaction of s-triazine herbicides with humic acids from three different soils. *Soil Science*, **106, 45-52 (1968)**.

[60] A. D. Vaccari, M. Kaouris, A Model lot Irreversible Adsorption Hysteresis. *Journal of Environmental Science and Health*, **8, 797-822 (1988)**.

[61] C. T. Voice, J. W. Weber, Sorption of hydrophobic compounds by scdiments, soil and suspended solids. *Water Research*, **17, 1433-1441 (1983)**.

[62] M. T. Ward, P. R. Upchurch, Role of the amino group in adsorption mechanisms. *Journal of Agricultural and Food Chemistry*, **13, 334-338 (1965)**.

[63] B. yon Oepen, W. Kordel, W. Klein, Sorption of Nonpolar and Polar Compounds to Soils:Processes, Measurements and Experience with the Applicability Applicability of the Modified OECD-Guideline 10^6, *Chemophere*, **22, 285- 304 (1991)**.

Modélisation des Isothermes de Désorption de la Vapeur d'Eau Sur les Feuilles d'Olivier

1. Introduction

Les feuilles d'olivier sont connues par leurs propriétés thérapeutiques et médicales. Elles sont utilisées à la fois par la médecine traditionnelle et moderne. Elles constituent une source naturelle riche de polyphénolique composés, qui ont des activités biologiques telles qu'antioxydant, antibactérien, et des propriétés antifongiques [1,2]. Ces composés peuvent également être utilisés dans le domaine cosmétique et industriel de conservation des aliments. L'arbre d'olive tunisien est utilisé pour la récolte des fruits d'olive et l'extraction de l'huile. Les feuilles d'oliviers n'ont pas été étudiées à l'échelle industrielle. Les feuilles frais évoluent rapidement après une chute au sol et sont endommagées par la poussière, des insectes et des microorganismes [3]. Il est intéressant d'effectuer des études sur des produits frais transformés pour définir les conditions optimales de stockage nécessaire pour augmenter leur longévité avant et après traitement. La relation entre la teneur en eau du produit et son activité d'eau à température constante constitue un support d'étude [4,5]. La courbe de l'isotherme peut être obtenue par l'une des deux façons : adsorption ou désorption. Les deux processus appelés sorption ne sont pas totalement réversibles [2]. Les isothermes d'adsorption sont des outils précieux pour prévoir à la fois la stabilité et la durée de conservation du produit emballé [5]. Au cours du séchage, l'isotherme de désorption présente une importance pour les expérimentateurs afin d'optimiser les équipements de séchage. Une isotherme de désorption est obtenue quand un produit atteint son humidité d'équilibre en donnant de l'eau à l'air environnant. Il y a plusieurs études qui ont été faites sur les isothermes de désorption des produits alimentaires [6-11] qui ont pour but de voir l'effet de la température sur la teneur en eau au cours de la désorption. D'autres travaux s'orientent vers la détermination de la chaleur isostérique de sorption. De notre part, nous nous sommes intéressés à la modélisation des isothermes de désorption pour en tirer quelques propriétés de l'eau liée au cours de ce processus. Nous partons du formalisme de la physique statistique comme un moyen pour le traitement d'un modèle adéquat de désorption. Le modèle est utilisé par l'ajustement des données expérimentales de la teneur en eau en fonction de l'activité de l'eau pour quatre variétés des feuilles d'oliviers Tunisiennes. Des telles données ont été réalisées par Bahloul et al. [12]. (Figure. 4.1.)

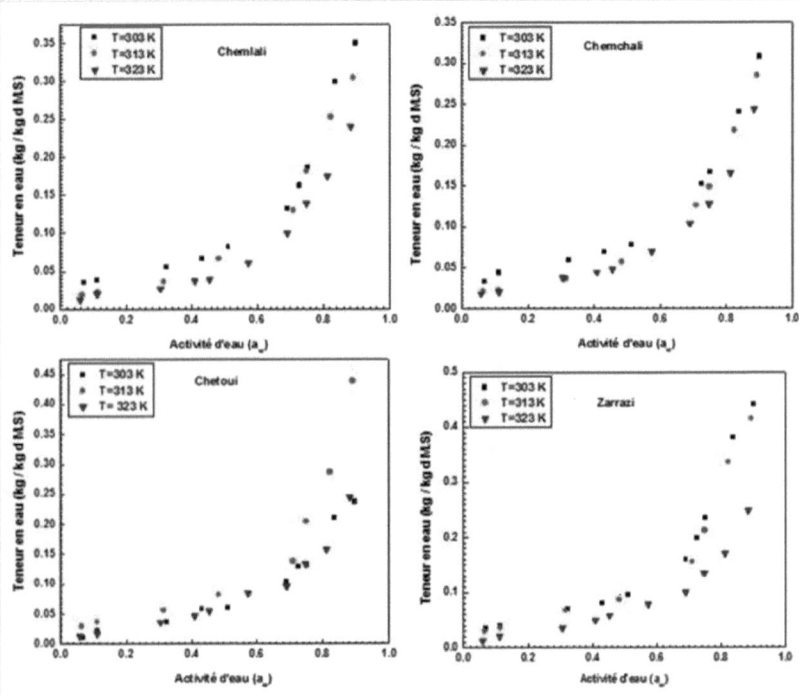

Figure 4.1. Isothermes de désorption de la vapeur d'eau sur les variétés des feuilles d'olivier (Chemlali, Chemchali, Chetoui, Zarrazi).

2. Description mathématique des isothermes de désorption

La majorité des modèles utilisés pour la modélisation des isothermes d'adsorption restent valable pour l'étude de la désorption [13-18]. De ce fait nous considérons que la désorption constitue un équilibre au cours duquel les molécules passent de l'état adsorbée à l'état libre [19]. Nous utilisons pour la comparaison les modèles les plus connus dans la littérature tels que le modèle de BET [14-17], modèle de GAB [18-21], modèle de Peleg [22], modèle GDW [23-27]et BET modifié [32].

Dans ce qui suit, un traitement par la physique statistique sera utilisé pour établir l'expression d'un modèle statistique permettant de donner la teneur en eau en fonction de l'activité de l'eau au cours du processus de désorption. Un sens physique est attribué pour les paramètres du modèle afin de mieux comprendre le processus de désorption à l'échelle moléculaire. Comme nous allons voir, la nouvelle expression théorique peut bien être corrélée avec l'isotherme expérimentale. Le modèle statistique est appliqué aussi pour calculer les fonctions thermodynamiques qui gouvernent le mécanisme de désorption telle que l'entropie de sorption, enthalpie libre et l'énergie interne.

3. Développement théorique

Comme dans le cas de l'adsorption, la désorption fait intervenir un échange de particules entre l'état adsorbé et l'état libre, son étude ne peut pas être effectuée sans employer l'ensemble grand-canonique de la physique statistique pour tenir compte de la variation du nombre de particules. Par conséquent, un potentiel chimique est introduit dans le processus de désorption. Nous rappelons les hypothèses utilisées dans le troisième chapitre pour le traitement statistique du modèle ; En première approximation, les molécules d'eau sont traitées comme un gaz parfait, parce que l'interaction mutuelle entre les molécules d'eau est négligée [28]. Nous tenons compte uniquement du degré de liberté de translation [28-32]. Ceci veut dire que nous négligeons les degrés de liberté de vibration et de rotation, le degré de liberté électronique n'est pas excité théoriquement [31,32]. Nous considérons un nombre de molécules qui sont initialement adsorbées sur N_M sites récepteurs.

La réaction de désorption d'un liquide (A) à partir d'un site récepteur (S) peut inclure le coefficient stœchiométrique n suivant l'équation suivante :

$$An\ S \xrightleftharpoons{\qquad\qquad} nA + S \qquad\qquad (4.1)$$

Le paramètre n est un nombre stœchiométrique, qui peut être nombre entier ou non, supérieur ou inférieur à 1 [29-32]. Si n est supérieur à 1, il représente le nombre de molécules ancrées sur un site récepteur. Si n est inférieur à 1, il représente " la fraction de molécule par site" [31, 32]. Ce nombre donne des informations sur la manière avec laquelle la molécule d'eau est libérée de la surface pendant le processus de désorption. Comme déjà mentionné dans le chapitre 3, la fonction de partition grand canonique décrit les états microscopiques d'un système suivant la situation physique dans laquelle ce système est placé [33]. Un site récepteur est supposé être occupé ou vide par une ou plusieurs molécules. La fonction de partition grand canonique correspondant s'écrit sous la forme :

$$Z_{gc} = \sum_{N_i=0}^{\infty} e^{-\beta(-\varepsilon_i-\mu)N_i}$$

(4.2)

avec ε_i est l'énergie de sorption du site récepteur, μ est le potentiel chimique, N_i est l'état d'occupation d'un site récepteur, et β est définie comme $k_B T$, où k_B est la constante de Boltzmann et T est la température absolue.

Nous supposons qu'au départ les couches sont déjà formées les unes après les autres avec différentes énergies. Nous supposons également que la première couche est déjà adsorbée avec l'énergie (-ε_1) et N_2 couches sont formées avec l'énergie (-ε_2). Ce choix est justifié du fait que la première couche directement en contact avec la surface adsorbante doit être adsorbée avec une énergie différente et plus grande que celle des autres couches ($\varepsilon_1 > \varepsilon_2$). On impose N_2 couches avec N_2 fini vu que la désorption commence d'un état de départ fini. Ainsi le modèle de désorption n'est pas identique à celui de l'adsorption avec N_2 qui peut être grand. Ainsi, la fonction de partition grand canonique s'écrit [32]:

$$z_{gc} = 1 + e^{\beta(\varepsilon_1+\mu)} + e^{\beta(\varepsilon_1+\varepsilon_2+2\mu)} \dots + e^{\beta(\varepsilon_1+N_2\varepsilon_2+(N_2+1)\mu)}$$

$$= 1 + \left(e^{\beta(\varepsilon_1+\mu)}\right) + \frac{\left(e^{\beta(\varepsilon_1+\mu)}\right)\left(e^{\beta(\varepsilon_2+\mu)}\right)\left(1 - \left(e^{\beta(\varepsilon_2+\mu)}\right)^{N_2}\right)}{\left(1 - e^{\beta(\varepsilon_2+\mu)}\right)}$$

(4.3)

La fonction de partition grand canonique totale relative à N_M sites récepteurs par unité de surface que nous supposons identiques s'écrit [32] :

$$Z_{gc} = (z_{gc})^{N_M}$$

(4.4)

Ainsi la teneur en eau s'écrit [30-32] :

$$Q = nN_0 = nN_M k_B T \frac{\partial \ln(z_{gc})}{\partial \mu} = Q_0 k_B T \frac{\partial \ln(z_{gc})}{\partial \mu} \qquad (4.5)$$

Q_0 représente la quantité monocouche adsorbée, il peut être exprimé par kg/kg de matière sèche.

Lorsque l'équilibre thermodynamique décrit par le relation (4.1) est atteint, il y a égalité des potentiels chimiques entre l'état adsorbé et l'état libre selon la loi d'action des masses tel que: $\mu_m = \mu / n$, où μ est le potentiel chimique d'un site récepteur, μ_m est le potentiel chimique de la molécule de l'eau à l'état vapeur, et n est le nombre ou la fraction de molécules par site [28,29,33].

Dans le cas général, le potentiel chimique d'un gaz peut être écrit sous la forme suivante :

$$\mu_m = k_B T \ln\left(\frac{N}{z_{tr}} \right) = k_B T \ln\left(\frac{\beta P V}{z_{tr}} \right) \qquad (4.6)$$

avec N est le nombre de molécules d'eau à l'état gazeux dans le volume V, P est la pression partielle de la vapeur d'eau, V est le volume de gaz et z_{tr} est la fonction de partition de translation, qui peut être écrite comme suit [28,33]:

$$z_{tr} = V \left(\frac{2\pi m k_B T}{h^2} \right)^{3/2} \qquad (4.7)$$

où m est la masse de la molécule d'eau et h est la constante de Planck. La fonction de partition de translation par unité du volume pour un gaz parfait [29,32, 33] peut être également exprimée en fonction de la pression de vapeur saturante et l'énergie de vaporisation par la relation [28,29] :

$$z_{tr/v} = \left(2\pi m k_B T / h^2\right)^{\frac{3}{2}} (k_B T) \beta \, e^{\frac{-\Delta E_v}{RT}} e^{\frac{\Delta E_v}{RT}} = \beta P_{vs} \, e^{\frac{\Delta E_v}{RT}} \qquad (4.8)$$

avec ΔE_v est l'énergie de vaporisation d'une mole d'eau et P_{vs} est la pression de vapeur saturante.

Nous notons par ε_{m1} et ε_{m2} les énergies d'adsorption des molécules d'eau sur la première couche et les autres couches respectivement. En utilisant l'équation (4.1) et la loi d'action des masses, nous pouvons écrire: $\varepsilon_{m1} = \varepsilon_1 / n$ et $\varepsilon_{m2} = \varepsilon_2 / n$ et $\mu_m = \mu / n$. Par conséquent en utilisant les équations (4.6) et (4.8), nous pouvons déduire comme nous l'avons déjà mentionné dans le chapitre 3:

$$e^{\beta(\varepsilon_1+\mu)} = \left(\frac{a_w}{a_1}\right)^n \qquad \text{(4.8.a)}$$

$$e^{\beta(\varepsilon_2+\mu)} = \left(\frac{a_w}{a_2}\right)^n \qquad \text{(4.8.b)}$$

Où $a_w = \dfrac{P}{P_{vs}}$ représente l'activité de l'eau, et en posant : $a_1 = e^{-\left(\frac{\Delta E_1^a - \Delta E_v}{RT}\right)}$ et $a_2 = e^{-\left(\frac{\Delta E_2^a - \Delta E_v}{RT}\right)}$

deux paramètres énergétiques, avec ΔE_1^a et ΔE_2^a étant les énergies molaires de sorption sur la première couche et sur les couches suivantes.

En utilisant les relations (4.3), (4.5), (4.8.a) et (4.8.b) la teneur en eau en fonction de l'activité de la vapeur d'eau s'écrit :

$$Q = (nN_M)\left(\frac{\left(\frac{a_w}{a_1}\right)^n + 2\frac{\left(\frac{a_w}{a_1}\right)^n\left(\frac{a_w}{a_2}\right)^n\left(1-\left(\frac{a_w}{a_2}\right)^{nN_2}\right)}{1-\left(\frac{a_w}{a_2}\right)^n} - \frac{\left(\frac{a_w}{a_1}\right)^n\left(\frac{a_w}{a_2}\right)^n\left(\frac{a_w}{a_2}\right)^{nN_2}}{1-\left(\frac{a_w}{a_2}\right)^n}N_2 + \frac{\left(\frac{a_w}{a_1}\right)^n\left(\frac{a_w}{a_2}\right)^{2n}\left(1-\left(\frac{a_w}{a_2}\right)^{nN_2}\right)}{\left(1-\left(\frac{a_w}{a_2}\right)^n\right)^2}}{\left(1+\left(\frac{a_w}{a_1}\right)^n\right) + \frac{\left(\frac{a_w}{a_1}\right)^n\left(\frac{a_w}{a_2}\right)^n\left(1-\left(\frac{a_w}{a_2}\right)^{nN_2}\right)}{1-\left(\frac{a_w}{a_2}\right)^n}}\right)$$

Dans l'expression du modèle 1, il y a cinq paramètres d'ajustement a_1, a_2, n, N_2 et N_M. La

(Modèle 1)

figure 4.2 montre l'influence de différents paramètres sur la teneur en eau pour une isotherme de désorption.

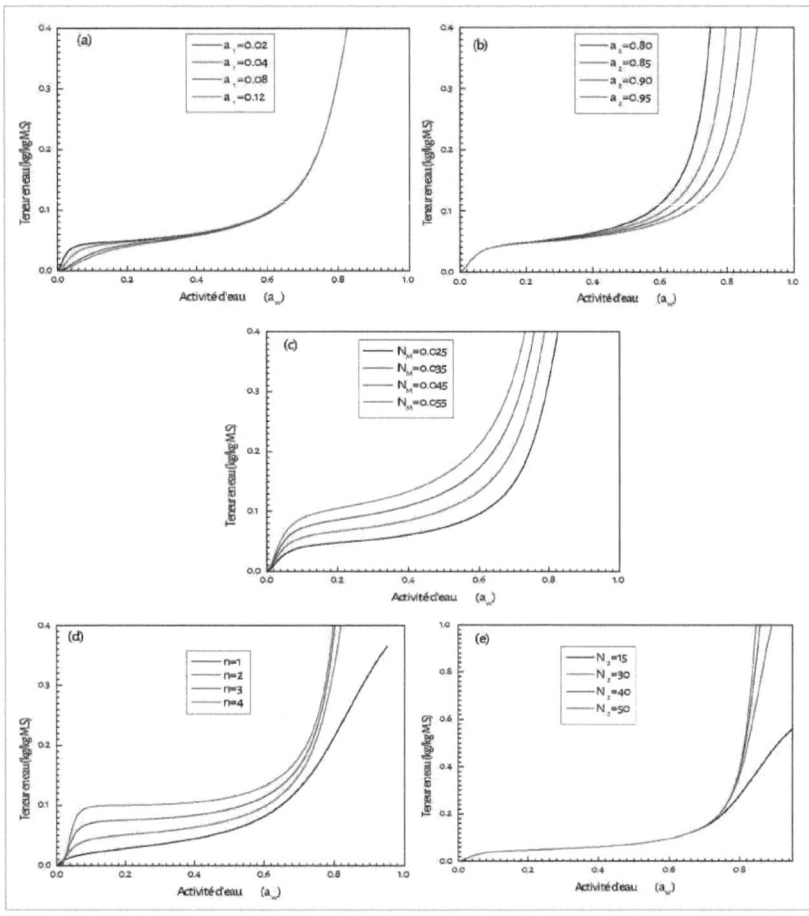

Figure .4. 2. Influence des paramètres sur l'évolution de l'isotherme de la teneur en eau en fonction de l'activité de l'eau générée par le modèle 1: (a) Effet de a_1 ($a_2 = 0.856$, $n = 1.86$, $N_M = 0.025$ site/m^2, $N_2 = 50$), (b) Effet de a_2 ($a_1 = 0.04$, $n = 1.86$, $N_M = 0.025$ site/m^2, $N_2 = 50$), (c) Effet de N_M ($a_1 = 0.04$, $a_2 = 0.856$, $n = 1.86$, $N_2 = 50$), (d) Effet de n ($a_1 = 0.04$, $a_2 = 0.856$, $N_M = 0.025$ site/m^2, $N_2 = 50$), (e) Effet de N_2 ($a_1 = 0.04$, $a_2 = 0.856$, $n = 1.86$, $N_M = 0.025$ site/m^2).

Nous pouvons constater d'après la figure 4.2 que la constante a_1 change la forme des isothermes à faible activité d'eau. En effet, cette constante est responsable des interactions gaz-solide à la première couche (figure 4.2,a). Une augmentation de la valeur de la constante a_2, qui est fonction de l'énergie d'interaction entre les couches d'adsorbât n'a pas d'influence sur la forme des isothermes à basse pression, mais plutôt augmente la teneur en eau dans la région multicouche (figure 4.2, b). La densité des sites récepteurs N_M est pertinente dans le comportement de l'isotherme. En effet, plus la valeur de N_M est élevée, plus la teneur en eau est grande. La valeur de la constante N_M traduit la formation de la monocouche, puisque ce paramètre représente le nombre des sites récepteurs accessibles aux molécules d'eau sur la première couche (figure.4.2, c). L'effet du nombre de molécules par site n est différent de celui observé pour N_M puisque ce paramètre est liée à la sorption monocouche et multicouche ainsi que les interactions dans la première couche et suivantes (figure 4.2,d). L'effet de N_2 est facilement remarqué sur la teneur de saturation (figure 4.2,e) puisque la teneur en eau, à la saturation augmente avec l'augmentation de N_2 [34].

Le choix du modèle 1 n'est pas arbitraire ; les hypothèses précédemment cités peuvent être modifiées pour obtenir deux autres modèles :

☐ Si nous supposons que le site récepteur peut être occupé par un nombre infini de molécules avec la même énergie ($-\varepsilon_1$) ce modèle est l'analogue d'un remplissage d'un niveau ($-\varepsilon$) par des bosons c'est une distribution de Bose-Einstein. Le même traitement que celui décrit par Knani et al [30] permet d'obtenir la teneur en eau en fonction de l'activité de l'eau :

$$Q = \frac{nN_M}{\left(\dfrac{a_0}{a_w}\right)^n - 1}$$ **(Modèle 2)**

Dans cette expression a_0 est un paramètre énergétique sans dimension qui s'écrit: $a_0 = e^{-(\Delta E^a - \Delta E^v)/RT}$, n est le nombre de molécules par site et N_M est la densité des sites récepteurs.

Ce modèle a été utilisé avec succès par Khalfaoui et al [29] pour ajuster des isothermes de type III de la classification de BET. Toutefois, le modèle 2 n'a pas fourni des résultats satisfaisants pour des isothermes expérimentales de la teneur en eau sur des produits alimentaires [30].

◻ Si maintenant nous supposons que des couches N_1 de molécules désorbées sont formées avec l'énergie $(-\varepsilon_1)$, des couches N_2 avec l'énergie $(-\varepsilon_2)$ et des couches infinies N_3 avec l'énergie $(-\varepsilon_3)$. Un traitement similaire au modèle 1 donne la teneur en eau en fonction de l'activité d'eau comme suit :

$$Q = (nN_M) \frac{\left[\begin{array}{l} -\dfrac{\left(\frac{a_w}{a_1}\right)^{(N_1+1)n}(N_1+1)}{\left(1-\left(\frac{a_w}{a_1}\right)^n\right)} + \dfrac{\left(\frac{a_w}{a_1}\right)^n\left(1-\left(\frac{a_w}{a_1}\right)^{(N_1+1)n}\right)}{\left(1-\left(\frac{a_w}{a_1}\right)^n\right)^2} + \dfrac{\left(\frac{a_w}{a_1}\right)^{(nN_1)}\left(\frac{a_w}{a_2}\right)^n(N_1+1)\left(1-\left(\frac{a_w}{a_2}\right)^{(N_2)n}\right)}{\left(1-\left(\frac{a_w}{a_2}\right)^n\right)} \\ -\dfrac{\left(\frac{a_w}{a_1}\right)^{(nN_1)}\left(\frac{a_w}{a_2}\right)^n\left(\frac{a_w}{a_2}\right)^{(nN_2)}N_2}{\left(1-\left(\frac{a_w}{a_2}\right)^n\right)} + \dfrac{\left(\frac{a_w}{a_1}\right)^{(nN_1)}\left(\frac{a_w}{a_2}\right)^{(2n)}\left(1-\left(\frac{a_w}{a_2}\right)^{(N_2)n}\right)}{\left(1-\left(\frac{a_w}{a_2}\right)^n\right)^2} + \dfrac{\left(\frac{a_w}{a_1}\right)^{(nN_1)}\left(\frac{a_w}{a_2}\right)^{(nN_2)}\left(\frac{a_w}{a_3}\right)^n(N_1+N_2+1)}{\left(1-\left(\frac{a_w}{a_3}\right)^n\right)} \end{array} \right]}{\left[\dfrac{\left(1-\left(\frac{a_w}{a_1}\right)^{(N_1+1)n}\right)}{\left(1-\left(\frac{a_w}{a_1}\right)^n\right)} + \dfrac{\left(\frac{a_w}{a_1}\right)^{(nN_1)}\left(\frac{a_w}{a_2}\right)^n\left(1-\left(\frac{a_w}{a_2}\right)^{(nN_2)}\right)}{\left(1-\left(\frac{a_w}{a_2}\right)^n\right)} + \dfrac{\left(\frac{a_w}{a_1}\right)^{(nN_1)}\left(\frac{a_w}{a_2}\right)^{(nN_2)}\left(\frac{a_w}{a_3}\right)^n}{\left(1-\left(\frac{a_w}{a_3}\right)^n\right)} \right]}$$

(Modèle 3)

avec $a_1 = e^{-\left(\frac{\Delta E_1^a - \Delta E_v}{RT}\right)}$, $a_2 = e^{-\left(\frac{\Delta E_2^a - \Delta E_v}{RT}\right)}$ et $a_3 = e^{-\left(\frac{\Delta E_3^a - \Delta E_v}{RT}\right)}$ trois paramètres énergétiques,

avec ΔE_1^a, ΔE_2^a et ΔE_3^a sont les énergies molaires de sorption sur la première couche, sur la deuxième couche et sur la troisième couche, respectivement. Dans l'expression du modèle 3, il existe huit paramètres d'ajustement. Ce modèle est utilisé pour la première fois pour ajuster des isothermes de désorption des produits agricoles. Les isothermes expérimentales sont ajustées par simulation numérique.

4. Résultats d'ajustement et interprétations

La méthode d'ajustement mathématique utilisée pour corréler les données expérimentales par rapport au modèle proposé. Nous donnons dans le tableau (4.1) les valeurs des coefficients d'ajustement R^2 ainsi que l'erreur quadratique moyenne RMSE.

TABLEAU.4.1: Valeurs du coefficient de détermination R^2 et la racine résiduelle erreur quadratique moyenne (RMSE) de l'ajustement des isothermes de désorption des feuilles d'olivier par BET, GAB, BET modifié, Peleg, GDW, modèle (1), modèle (2) et modèle (3).

	Chemlali			Chemchali			Chetoui			Zarrazi		
R^2												
T (K)	303	313	323	303	313	323	303	313	323	303	313	323
BET[a]	0.801	0.888	0.887	0.873	0.885	0.883	0.880	0.944	0.893	0.871	0.881	0.990
GAB	0.852	0.926	0.946	0.912	0.925	0.910	0.913	0.932	0.919	0.918	0.906	0.925
BET modifié	0.956	0.987	0.971	0.983	0.980	0.979	0.955	0.971	0.981	0.934	0.976	0.984
Peleg	0.993	0.992	0.998	0.999	0.998	0.997	0.990	0.994	0.989	0.991	0.990	0.996
GDW	0.984	0.973	0.986	0.972	0.977	0.976	0.986	0.987	0.989	0.975	0.980	0.990
Modèle 1	0.996	0.995	0.997	0.999	0.999	0.998	0.996	0.997	0.996	0.995	0.997	0.999
Modèle 2	0.983	0.985	0.985	0.994	0.992	0.998	0.987	0.993	0.992	0.980	0.990	0.996
Modèle 3	0.984	0.985	0.985	0.989	0.987	0.993	0.987	0.990	0.991	0.989	0.983	0.987
RMSE												
BET	0.079	0.054	0.061	0.079	0.057	0.056	0.053	0.054	0.052	0.071	0.068	0.045
GAB	0.071	0.046	0.035	0.056	0.047	0.056	0.055	0.040	0.052	0.053	0.056	0.047
BET modifié	0.073	0.032	0.044	0.049	0.035	0.031	0.045	0.033	0.038	0.042	0.042	0.035
Peleg	0.017	0.017	0.004	0.003	0.006	0.010	0.019	0.017	0.021	0.019	0.019	0.010
GDW	0.021	0.018	0.008	0.005	0.007	0.015	0.025	0.022	0.020	0.016	0.025	0.013
Modèle 1	0.010	0.010	0.004	0.003	0.003	0.010	0.010	0.010	0.023	0.010	0.010	0.003
Modèle 2	0.026	0.023	0.023	0.011	0.014	0.004	0.020	0.012	0.014	0.028	0.019	0.010
Modèle 3	0.024	0.023	0.023	0.019	0.020	0.012	0.020	0.019	0.016	0.019	0.026	0.020

a: La gamme de l'activité de l'eau est de 0-0.5

A partir des valeurs des coefficients de détermination R^2, nous notons que les données expérimentales présentent une bonne corrélation avec le modèle 1. La figure 4.3 illustre la courbe de l'ajustement par notre modèle sur les isothermes de désorption des feuilles d'olivier à trois températures.

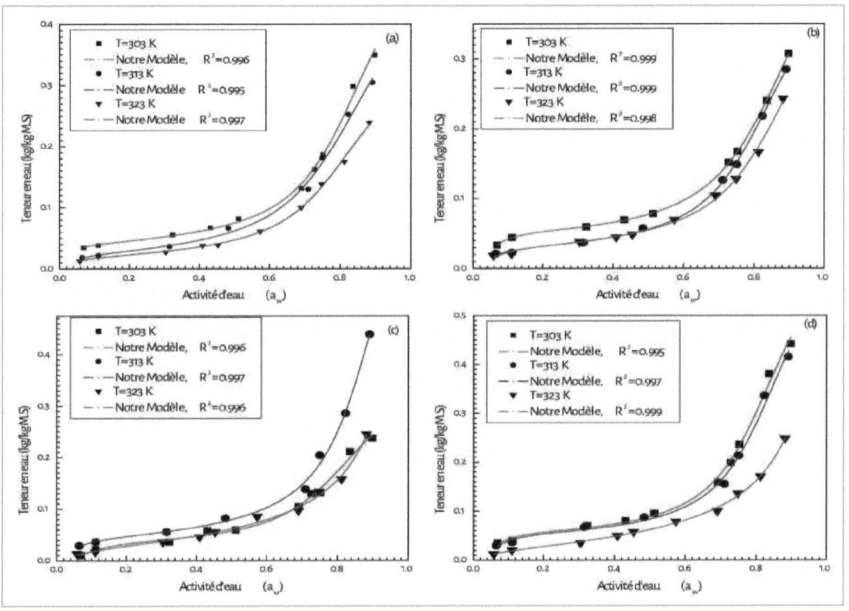

Figure 4.3. Ajustement des isothermes de désorption de feuilles d'olivier par le modèle 1.

A partir du tableau 4.1 nous pouvons noter quelques remarques et tirer des conclusions concernant la variation des valeurs R^2 d'un modèle à l'autre.

Il est vrai qu'en général, le coefficient de détermination R^2 est améliorée lorsque le nombre de paramètres d'ajustement augmente ce qui est le cas de notre ajustement. En effet, ces paramètres reflètent des grandeurs physiques ce qui signifie que le phénomène de désorption est mieux décrit si un maximum de grandeurs physiques intervient, ainsi l'espace de description du phénomène sera multidimensionnel et la base de description sera plus complète [30].

Tout d'abord l'équation de BET donne la plus faible valeur de R^2 dans la gamme d'activité d'eau de 0.11 à 0.9 puisque ce modèle de désorption décrit mieux des isothermes pour des activités comme a été 0.11 à 0.5. Le modèle de BET est utilisé par Chirife et Iglesias (1978) [36]. L'ajustement des donnés par le modèle 1 (5 paramètres) est meilleure que celle obtenue par le modèle de GAB (3 paramètres) ou de Peleg, GDW et BET modifié (4 paramètres). Toutefois, les variations dans les coefficients de corrélation sont relativement faibles. Cela signifie que le choix d'un modèle unique fixé n'est pas spontané et que les valeurs des paramètres ne diffèrent pas significativement entre les modèles.

Le modèle déjà établi contient cinq paramètres en relation avec le processus de désorption, tels que le nombre de molécules par site (n), la densité de sites de récepteur (N_M), le nombre de couches (N_2) avec l'énergie ε_2, et les deux paramètres énergétiques a_1 et a_2. Ces paramètres sont classés en deux catégories ; les trois premiers paramètres sont stériques alors que les deux derniers sont des paramètres énergétiques. Les différents paramètres sont présentés dans le tableau 4.2.

TABLEAU 4.2. Valeurs des paramètres d'ajustement obtenues par l'ajustement des isothermes de désorption des feuilles d'olivier avec notre modèle.

	a_1			a_2			n		
	T=303K	T=313K	T=323K	T=303K	T=313K	T=323K	T=303K	T=313K	T=323K
Chemlali	0.040±0.002	0.046±0.003	0.065±0.003	0.835±0.042	0.858±0.045	0.890±0.049	1.860±0.063	1.585±0.079	1.110±0.161
Chemchali	0.050±0.002	0.052±0.002	0.057±0.003	0.843±0.049	0.895±0.052	0.915±0.052	1.969±0.089	1.579±0.131	1.285±0.144
Chetoui	0.080±0.052	0.108±0.004	0.141±0.004	0.847±0.044	0.901±0.048	1.009±0.057	2.064±0.075	1.606±0.099	1.228±0.110
Zarrazi	0.062±0.004	0.064±0.004	0.128±0.004	0.843±0.043	0.867±0.041	1.020±0.056	2.030±0.087	1.812±0.087	0.894±0.092

	N_2			N_M (site/m²)		
	T=303K	T=313K	T=323K	T=303K	T=313K	T=323K
Chemlali	48.889±0.007	20.136±0.007	19.155±0.007	0.057±0.001	0.046±0.001	0.023±0.003
Chemchali	49.355±0.006	42.075±0.006	28.865±0.006	0.066±0.002	0.058±0.003	0.049±0.004
Chetoui	33.842±0.016	21.019±0.016	19.798±0.016	0.070±0.001	0.065±0.001	0.039±0.003
Zarrazi	34.087±0.017	22.947±0.016	17.055±0.016	0.102±0.001	0.080±0.001	0.072±0.003

Un autre facteur pertinent qui affecte la teneur en eau au cours du processus de désorption est la température. L'effet de la température sur l'isotherme de désorption est d'une grande importance puisque les produits peuvent être exposés à une gamme de température au cours du stockage où l'activité d'eau varie avec la température. Pour les isothermes étudiées la teneur en eau varie d'une manière significative ($p > 0.05$).

Dans ce qui suit nous étudions l'effet des paramètres sur le processus de désorption ainsi que leur évolution en fonction de la température.

5. Effet des paramètres

5.1. L'effet de la température sur le nombre de molécules par site (n)

Le paramètre n joue un rôle important dont la compréhension du phénomène de sorption mis en jeu puisque il donne une idée claire sur les propriétés géométriques et la manière d'ancrage de la molécule sur la surface adsorbante en plus de son caractère stœchiométrique [31,32,37,38]. En fait, la molécule a plusieurs manières d'être ancrée sur le site récepteur en fonction de sa géométrie et de son angle d'incidence avec la surface adsorbante [37,39]. Selon la valeur (n) deux cas d'ancrage possibles sont distingués de la molécule d'eau. Le premier est un ancrage « parallèle » lorsque (n) est inférieur à 1, qui est par exemple le cas de « Zarrazi » à T=323 K, les molécules adoptent une position parallèle à la surface adsorbante. Dans ce cas, nous définissons un nombre d'ancrage n'=1/n, qui représente le nombre de sites occupés par une seule molécule [40-42]. Le deuxième est un ancrage « non parallèle » si le nombre de molécule par site est supérieur ou égale à 1 (un site récepteur est occupé par un ou plus qu'une molécule) [30-32]. Ce nombre de molécule par site varie d'une manière significative en fonction de la température. Le nombre n s'il n'est pas fractionnaire ou entier peut être écrit comme un pourcentage entre ces deux ancrages. En effet, pour n=0.894 qui est le cas de « Zarrazi » à T=323 K, ce nombre peut être écrit comme un pourcentage d'ancrage parallèle pour n=0.5 et un ancrage non parallèle pour n= 1. Ce qui donne 22% des molécules sont ancrées parallèlement, et 78% des molécules sont ancrées non parallèlement. A titre d'exemple nous prenons le cas où n= 1.60 pour la variété « Chetoui » à T=313 K, ce nombre est compris entre 1 et 2. Il peut être vu comme une moyenne de deux pourcentages différents des sites récepteurs occupés par une ou deux molécules. Ce qui fait qu'un taux de 60% des sites récepteurs est occupé par une molécule et 40% des sites sont occupés par deux molécules.

Nous reportons dans la figure 4.4, la variation du nombre de molécules par site en fonction de la température pour les quatre variétés de feuilles d'olivier "Chemlali, Chemchali, Chetoui et Zarrazi".

La température modifie la stéréographie des molécules d'eau désorbées. En effet, l'agitation thermique affecte le nombre de molécules par site et seules les molécules ayant la plus grande énergie restent ancrées à la surface.

Nous notons qu'il y a un seul comportement de la variation du nombre de molécules par site en fonction de la température (Figure.4.4). La diminution de n en fonction de la température est un phénomène dominant antagoniste à l'agitation thermique. Ceci est dû probablement aux collisions thermiques qui cassent l'agrégat de n molécules.

La réaction d'agrégation (4.1) est alors endothermique. La pente de ces courbes permet de déterminer les enthalpies de cette réaction d'agrégation.

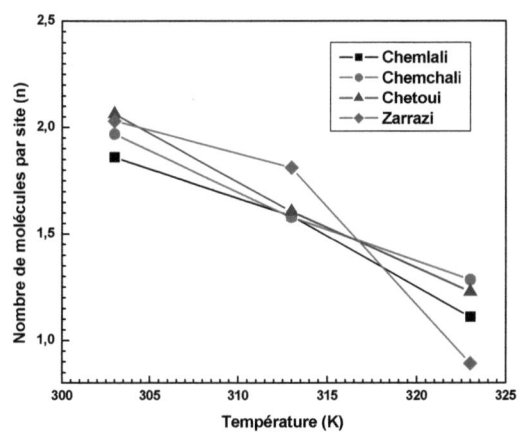

Figure 4.4: Variation du nombre des molécules par site des quatre variétés de feuilles d'olivier Chemlali ( ), Chemchali ( ), Chetoui ( ) et Zarrazi (♦) obtenue pour trois températures de 303 K, 313K et 323K.

5.2.   L'effet de la température sur la densité des sites récepteurs N_M

Le paramètre, N_M, est un coefficient stérique qui représente le nombre de sites nécessaires pour adsorber la quantité d'adsorbât à la saturation.

Les résultats de la simulation ont montré que ce paramètre peut augmenter ou diminuer selon les conditions expérimentales. Nous allons, par la suite, chercher les causes de ces variations.

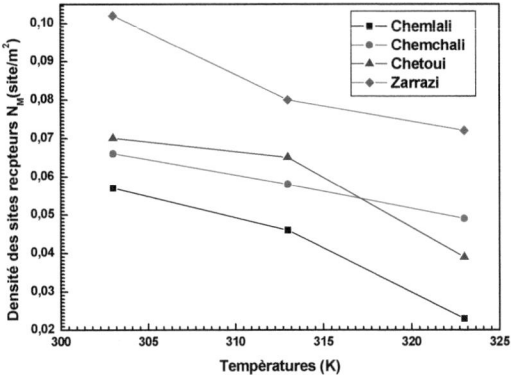

Figure 4.5: Variation de la densité des sites récepteurs des quatre variétés de feuilles d'olivier Chemlali ( ), Chemchali ( ), Chetoui ( ) et Zarrazi (♦) obtenue pour trois températures de 303 K, 313K et 323K.

Nous remarquons que le paramètre, N_M, possède plus ou moins le même comportement d'évolution pour les différents produits. Nous pouvons constater, en général, que la densité des sites récepteurs effectivement occupés diminue avec l'augmentation de la température ce qui peut expliquer la diminution de la teneur en eau lorsque la température augmente. La figure (4.5) montre que le nombre de sites récepteurs pour les quatre variétés des feuilles d'olivier est élevé pour les faibles températures et il atteint sa valeur minimale à des températures élevées. En effet, en comparant l'évolution du paramètre N_M à celle de n, nous remarquons que si n augmente, N_M diminue et vice-vers-ça. En effet, s'il y a plusieurs molécules adsorbées sur un seul site récepteur, le nombre de sites récepteurs effectivement occupé diminue. Ceci est dû à l'encombrement stérique où l'ensemble des molécules peut cacher quelques sites récepteurs puisque la molécule d'eau.

5.3. L'effet de la température sur la quantité adsorbée monocouche (Q_0 = n * N_M)

La teneur en eau monocouche exprimé par kg / kg matière sèche dépend du nombre de molécules par site (n) et la densité de site récepteur (N_M) [32]. Il correspond à la teneur en eau à laquelle le produit est stable [43,44].

Nous avons porté dans le tableau (4.3) les valeurs des quantités adsorbées monocouche correspondant aux isothermes de désorption des feuilles d'olivier pour trois températures. Ce paramètre Q_0 est un paramètre standard qui figure dans la plupart des modèles dans la littérature. Afin de faire une comparaison avec d'autres modèles, nous avons porté aussi dans le tableau les valeurs de Q_0 obtenues par ajustement avec la même méthode du modèle de BET, GAB, et GDW

Variétés	Chemlali			Chemchali			Chetoui			Zarrazi		
T (K)	303	313	323	303	313	323	303	313	323	303	313	323
BET	0.083	0.057	0.031	0.067	0.048	0.039	0.098	0.063	0.013	0.078	0.032	0.014
GAB	0.176	0.123	0.086	0.243	0.164	0.201	0.161	0.111	0.098	0.187	0.123	0.164
GDW	0.069	0.064	0.032	0.050	0.023	0.017	0.062	0.058	0.030	0.084	0.036	0.022
Modèle 1	0.046	0.031	0.011	0.053	0.037	0.025	0.066	0.051	0.022	0.075	0.052	0.023

TABLEAU.4.3: Valeurs de la quantité adsorbée monocouche sur les feuilles d'olivier obtenus par BET, GAB, GWD et le modèle 1.

Nous pouvons noter à partir du tableau (4.3) que les valeurs de Q_0 obtenues par l'équation GDW sont plus grandes que celles obtenues par les autres modèles. Il est également à noter que les valeurs des quantités adsorbées monocouche obtenue par GAB sont plus élevés que le modèle de BET, ce résultat est en bon accord avec les résultats obtenus par Iglesias et Chirife (1976) [45], Labuza et al. (1985) [46] et Kaymak-Ertekin et Sultanoglu (2001) [47]. En comparaison du modèle de GAB pour la désorption de feuilles d'olivier avec notre modèle (modèle 1), on constate que la valeur Q_0 qui varient entre 0.011 et 0.075 kg / kg (matière sèche), sont plus faibles que celles obtenues par le modèle GAB qui varient 0.086 à 0.243 kg / kg (matière sèche). La variation de la quantité adsorbée monocouche en fonction de la température est illustré sur la figure (4.6).

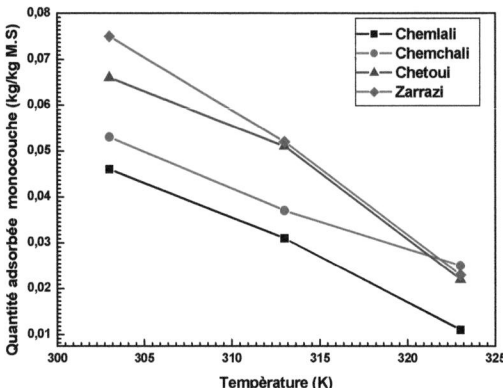

Figure 4.6. Variation de la quantité adsorbée monocouche pour les quatre variétés de feuilles d'olivier Chemlali ( ), Chemchali ( ), Chetoui (   ) et Zarrazi (◆) obtenue pour trois températures de 303 K, 313K et 323K.

Nous pouvons noter également que la différence obtenue pour des valeurs des quantités adsorbées monocouche à la même température indique que la composition chimique n'est pas le seul paramètre pertinent dans la région monocouche mais d'autres facteurs sont également importants tels que l'énergie d'adsorption, la porosité, l'hétérogénéité de surface et la surface spécifique [30].

5.4. Le nombre de couches N_2

Le nombre de couches N_2 formé avec l'énergie $(-\varepsilon_2)$ dépend de l'interaction eau-eau au niveau de l'adsorption multicouche. Les valeurs du paramètre N_2 estimées par ajustement des isothermes de désorption avec notre modèle (1), ainsi que la variation en fonction de la température est illustrée sur la figure (4.7)

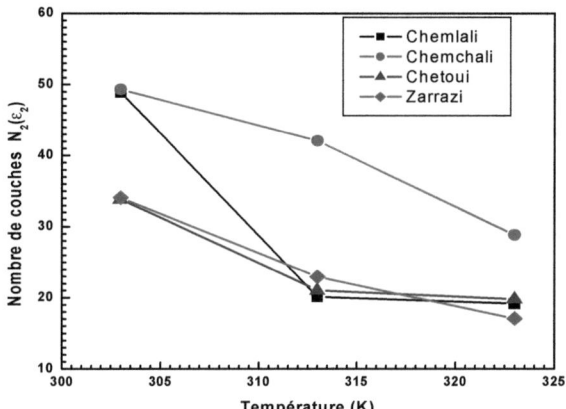

Figure 4.7. Variation du nombre de couches N_2 fonction de la température pour les variétés: Chemlali ( ), Chemchali ( ), Chetoui ( ) et Zarrazi. ( ).

Nous pouvons noter que N_2 varie de la valeur 17 à 323K pour « Zarrazi » jusqu'à la valeur 49.35 à 303 K pour «Chemchali». Nous remarquons également que l'augmentation de la température provoque une diminution de N_2. En effet, l'agitation thermique agit sur les forces d'interaction entre les molécules d'eau dans la région multicouche. Ainsi, toute augmentation de la température limite la formation de couches de molécules d'adsorbât et en particulier N_2.

5.5.   Energies de sorption

En utilisant les valeurs des paramètres sans dimension a_1, a_2 et l'énergie de vaporisation de la vapeur d'eau ΔE_v, nous calculons les énergies de sorption molaires ΔE_1 et ΔE_2 correspondant aux isothermes de désorption.

$$\Delta E_1 = \Delta E_v - RT \ln a_1 \qquad\qquad\qquad (4.9.a)$$

$$\Delta E_2 = \Delta E_v - RT \ln a_2 \qquad\qquad\qquad (4.9.b)$$

La première énergie donne des informations sur l'interaction entre la vapeur d'eau et la surface du produit considéré alors que la seconde énergie représente l'interaction eau-eau dans la région multicouche [30,32]. En fait, ces énergies représentent des puits de potentiels qui existent au niveau des sites récepteurs sur la surface adsorbante. Ainsi le calcul des énergies de sorption consiste à trouver la profondeur de ces puits de potentiels dans lesquels les molécules d'eau seront piégées. Nous donnons dans la figure 4.8, la variation des énergies de sorption en fonction de la température pour les quatre variétés des feuilles d'olivier « Chemlali», « Chemchali », « Chetoui » et « Zarrazi ».

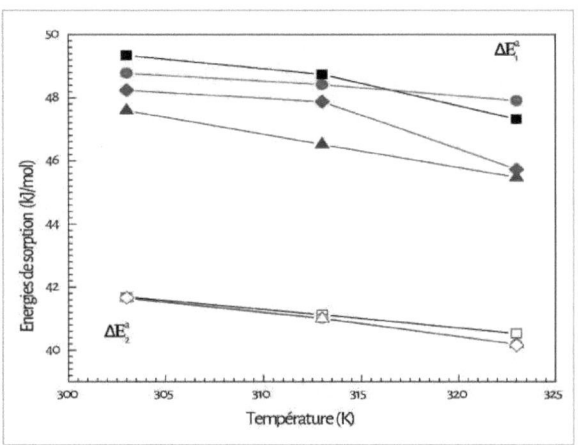

Figure 4.8. Variation des énergies de sorption en fonction de la température: Chemlali ( ), Chemchali ( ), Chetoui ( ) et Zarrazi (♦) pour (ΔE₁), and Chemlali ( ), Chemchali ( ), Chetoui (Δ) et Zarrazi (◊)pour(ΔE₂).

Nous pouvons noter que les valeurs des énergies calculées montrent que la liaison entre la vapeur d'eau et la surface des feuilles d'olivier a toujours lieu avec une physisorption. Dans la région monocouche, la vapeur d'eau est liée à la surface adsorbante par des liaisons hydrophiles sur des sites polaires ou par des interactions dipolaires [32]. La seconde énergie correspondant à l'interaction eau-eau est moins forte que les valeurs des énergies ΔE_1. Ceci est bien prévisible puisque l'interaction avec la surface est plus grande que celle entre les molécules d'eau. Ce qui est aussi réconfortant et que l'énergie eau-eau déterminée pour toutes les variétés est toujours la même et ne dépend pas du produit considéré.

Nous remarquons que les énergies de sorption diminuent en fonction de la température. Ceci est dû au caractère endothermique du processus de désorption, d'une part, et au fait que la dilatation de longueur des liaisons fait diminuer cette interaction qui est inversement proportionnelle à cette longueur.

6. Etude des fonctions thermodynamiques

Le calcul des valeurs des fonctions thermodynamiques est en elle-même très importante puisque la description de l'état physique, de sa stabilité et de son évolution passe à travers les valeurs de ces fonctions thermodynamiques. Leur appellation fonctions potentielles est lui même révélateur de leurs utilités.

6.1. Entropie

Comme nous l'avons présenté dans le chapitre 3, l'entropie peut être calculée à partir du grand potentiel J et la fonction de partition grand canonique Z_{gc} [32,38]:

$$J = -\frac{\partial}{\partial \beta} \ln Z_{gc} - T.S_a \qquad \text{(4.10)}$$

L'expression de l'entropie correspondant à la désorption est donnée dans l'annexe (A_7). Dans la figure (4.9) nous illustrons la variation de l'entropie de désorption en fonction de l'activité de l'eau pour les quatre variétés des feuilles d'olivier à différents températures.

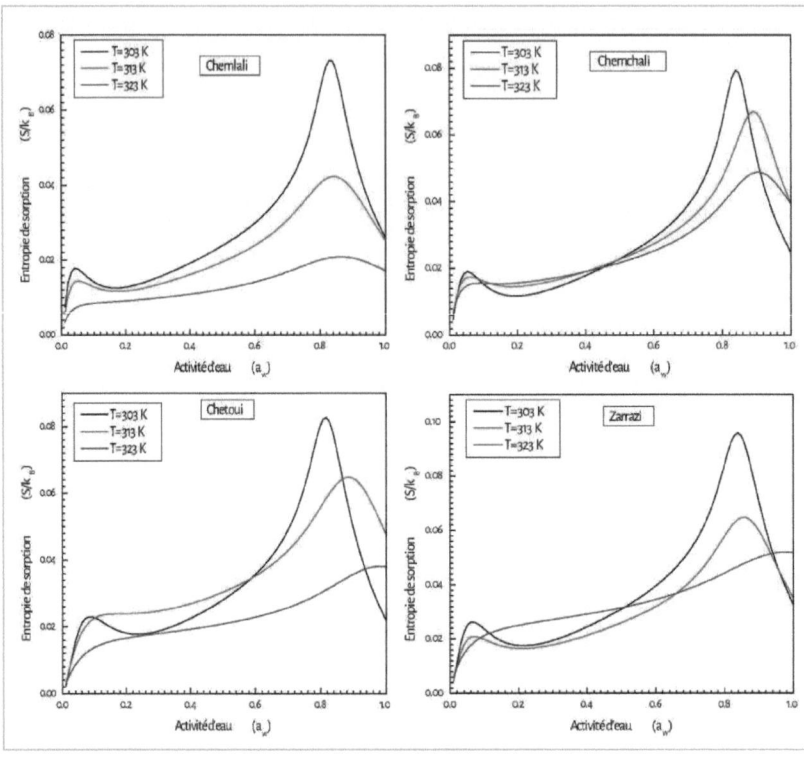

Figure 4.9. Evolution de l'entropie en fonction de l'activité de l'eau pour les quatre variétés des feuilles d'olivier à différentes températures : 303K, 313K et 323K.

Nous remarquons d'après la figure 4.9 que l'entropie de désorption présente deux comportements différents : avant et après les valeurs de (a_1) et (a_2). Nous remarquons dans notre cas, que chaque courbe marque deux pics correspondants aux deux valeurs de (a_1) et (a_2). En effet, pour les faibles activités et lorsque l'activité de l'eau est inférieure à (a_1), la molécule a plusieurs possibilités pour choisir un site récepteur vide et donc le désordre augmente à la surface adsorbante avec l'activité d'eau [32,38]. Au-dessus de (a_1), la molécule à une faible probabilité de choisir un site adsorbant puisque que la surface tend à la saturation monocouche et tend vers l'ordre donc l'entropie diminue. Elle augmente de nouveau lorsqu'une succession de multicouches de molécules d'eau sont formées [38].

Il est évident que l'entropie calculée représente l'entropie statistique ou l'entropie configurationnelle, qui est liée au nombre de configurations possibles Ω pour obtenir les molécules Q arrangées sur N_M sites récepteurs possibles. Cette entropie peut s'écrire S = k_BLn Ω dans le cas de l'ensemble micro-canonique, où toutes les configurations sont équiprobables. Dans le cas d'un ensemble grand-canonique, les probabilités Pi ne sont pas égales donc $S = -k \sum_i P_i \ln P_i$. L'entropie décrit le désordre du processus qui est proportionnelle au nombre de configurations nécessaires pour atteindre ce processus [48,49]. Dans une étude classique du système, l'entropie thermodynamique d'un système est liée à la chaleur libérée dans le processus (dS = δQ/T). Pour l'isotherme considérée ici, la température T est constante donc la variation de l'entropie peut s'écrire : $\Delta S = \dfrac{Q}{T}$, où Q est la chaleur dégagée qui est négative puisque le processus est endothermique; cette chaleur provient de la désorption des particules, et donc Q est égale à l'énergie de sorption ΔE. Dans les systèmes classiques, l'évolution de l'énergie augmente de façon monotone au cours du processus de désorption [50,51] et donc l'entropie thermique aussi.

6.2. L'énergie interne

L'énergie interne regroupe toutes les formes d'énergie échangées par le système au cours du processus de désorption. En particulier nous nous intéressons aux interactions qui existent entre l'adsorbat et l'adsorbant qui composent le système [32, 38,51]. Nous donnons l'expression de l'énergie interne E_{int} :

$$E_{int} = -\frac{\partial \ln Z_{gc}}{\partial \beta} + \frac{\mu}{\beta}\left(\frac{\partial \ln Z_{gc}}{\partial \mu}\right) \qquad (4.11)$$

En utilisant l'expression de la fonction de partition grand canonique Z_{gc} donnée par la relation (4.3), nous avons calculé les valeurs des énergies internes en fonction de l'activité de l'eau. Une telle relation est donnée dans l'annexe (A_8).

La variation de l'énergie interne en fonction de l'activité d'eau est illustrée dans la figure (4.10).

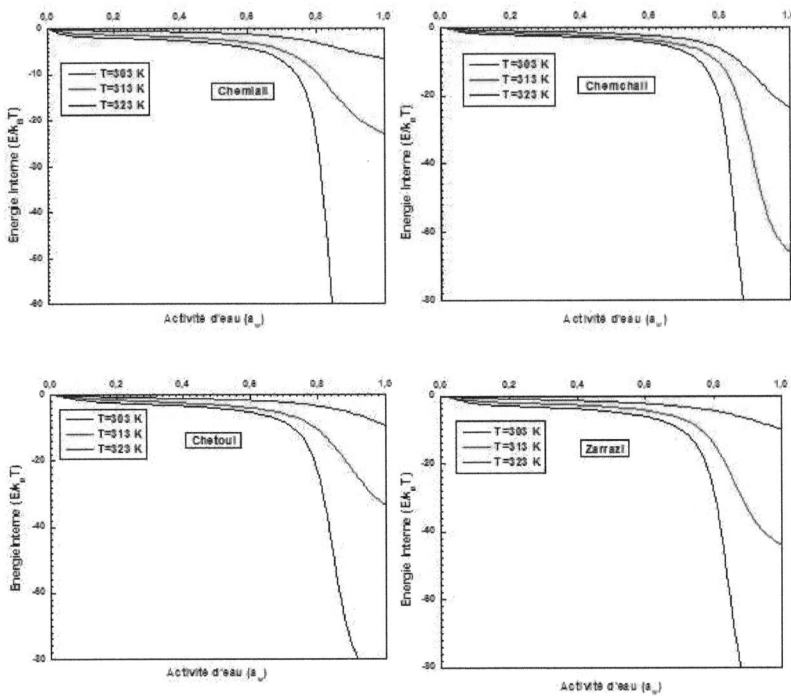

Figure 4.10. Evolution de l'énergie interne en fonction de l'activité de l'eau pour les trois températures : 303K, 313K et 323K au cours de la désorption de l'eau pour les quatre échantillons des feuilles d'olivier.

Nous pouvons noter que l'énergie interne est négative donc le système cède de l'énergie à l'extérieur, ce qui prouve que le système libère de l'énergie au cours de l'adsorption et c'est le contraire au cours la désorption. Nous avons remarqué que les variétés possèdent les mêmes allures. Nous remarquons également qu'une augmentation de la température entraîne une augmentation de la valeur algébrique de l'énergie interne, suite aux collisions thermiques ce qui déstabilise le système.

6.3.   L'enthalpie libre de Gibbs

L'enthalpie libre décrit la spontanéité du système [38]. Si ΔG<0, le système évolue spontanément, si ΔG = 0 pour une transformation réversible, c'est-à-dire aucune modification des variables du système n'a lieu, le système est en état d'équilibre thermodynamique alors que si ΔG>0, le système ne peut plus évoluer spontanément dans le sens considéré pour la transformation sans apport d'énergie de l'extérieur [50,51].

L'enthalpie libre de Gibbs est donnée par la relation suivante :

$$G = \mu N_0 \tag{4.12}$$

Où N_0 est le nombre d'occupation moyen des sites récepteurs et μ est le potentiel chimique des molécules adsorbées déjà décrit par la relation (4.6).

L'expression de l'enthalpie libre de Gibbs en fonction de l'activité de l'eau est donnée dans l'annexe (A_9). Nous présentons la variation de l'enthalpie libre de Gibbs en fonction de l'activité de l'eau à trois températures dans la figure (4.11).

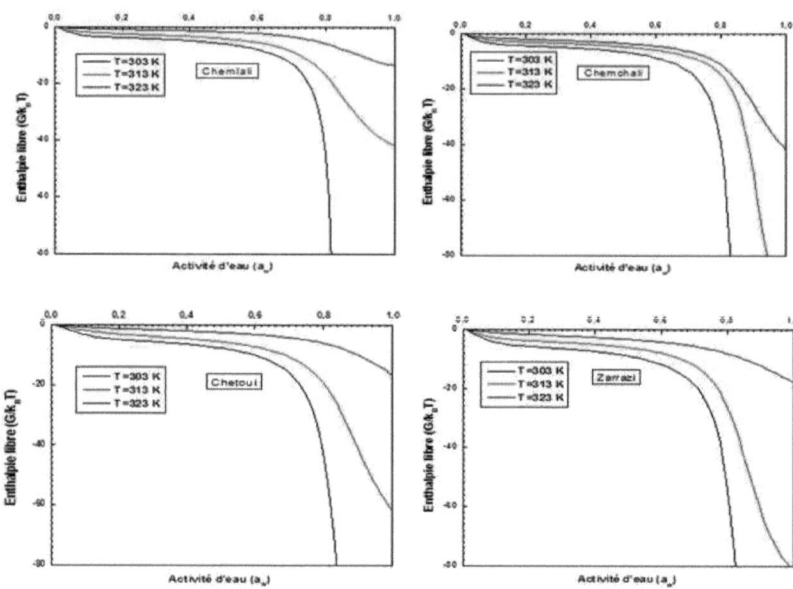

Figure 4.11. Evolution de l'enthalpie libre de Gibbs en fonction de l'activité de l'eau pour les quatre variétés de feuilles d'olivier à trois températures 303K, 313K et 323K.

Nous remarquons que pour les isothermes de désorption étudiées, l'enthalpie libre est négative, ainsi que sa variation est positive pendant la désorption qui explique la spontanéité de la réaction de désorption.

7. Conclusion

En utilisant l'ensemble grand canonique de la physique statistique et en appliquant des approches simplificatrices, nous avons établi une nouvelle expression pour modéliser les isothermes de désorption de la vapeur d'eau sur les feuilles d'olivier. En comparaison avec d'autres modèles empiriques, notre modèle est thermodynamiquement compatible et peut être un modèle adéquat pour la description des données expérimentales. Ce modèle présente cinq paramètres qui sont les paramètres stériques tels que : le nombre des molécules par sites, n, la densité des sites récepteurs N_M, le nombre des couches, N_2, et deux paramètres énergétiques a_1 et a_2. Nous avons étudié les effets des différents paramètres intervenant dans l'équation du modèle multicouche.

L'étude du nombre de molécules par site n a montré que ce nombre diminue lorsque la température augmente c'est un phénomène dominant antagoniste à l'agitation thermique. Ceci est dû probablement aux collisions thermiques qui cassent l'agrégat de n molécules. La densité des sites récepteurs N_M diminue en fonction de la température c.à.d il y a plusieurs molécules adsorbées sur un seul site récepteur, le nombre de sites récepteurs effectivement occupé diminue. Ceci est dû à l'encombrement stérique où l'ensemble des molécules peut cacher quelques sites récepteurs. La quantité adsorbée monocouche Q_o qui nous renseigne sur la capacité de la surface de rétention de l'eau est corrélée à l'énergie de sorption. Cette énergie nous a permis de confirmer le caractère endothermique du processus de désorption de l'eau sur les feuilles d'olivier. Les propriétés thermodynamiques ont été caractérisés par la détermination des fonctions potentielles thermodynamiques telle que ; l'entropie, l'énergie interne et l'enthalpie libre de Gibbs.

Références

[1] O. Benavente-García, J. Castillo, J. Lorente, A. Ortuño. J. A. Del Rio, Antioxidant Activity of Phenolics Extracted from Olea europaea L. Leaves, *Food Chemistry*, **68, 457–462 (2000)**.

[2] H. N. Aziz, S. E. Farag, L. A. Mousa, M. A. Abo-Zaid, Comparative Antibacterial & Antifungal Effects of Some Phenolic Compounds, *Microbios*, **93, 43–54 (1998)**.

[3] N. Boudhrioua, N. Bahloul, M. Kouhila, N. Kechaou, Sorptions Isotherms and Isosteric Heats of Sorption of Olive Leaves (Chemlali Variety): Experimental and Mathematical Investigations, *Food and Bioprod Process*, **86, 167–175 (2008)**.

[4] A. H. Al-Muhtaseb, W. A. M. McMinn, T. R. A. Magee, Moisture Sorption Isotherm Characteristics of Food Products, *Trans IChemE*, **80, 118-128 (2002)**.

[5] A. H. Al-Muhtaseb, W. A. M. McMinn, T. R. A. Magee, Water Vapor Sorption Isotherms of Starch Powders Part 1: Mathematical Description of Experimental Data, *Journal of Food Engineering*, **61,297–307 (2004)**.

[6] N. Z. Veltchev, D. N. Menkov, Desorption Isotherms of Apples at Several Temperatures, *Drying Technology*, **18 (4-5), 1127-1137 (2000)**.

[7] C. P. Panchariya, D. Popovic, L. A. Sharma, Modeling of desorption isotherm of black tea, Drying Technology, **19 (6), 1177-1188 (2001)**.

[8] S. Basu, S. U. Shivhare, S. A. Mujumdar, Models for sorption isotherms for foods: a review, *Drying Technology*, **24, 917-930 (2006)**.

[9] G. W. Phomkong, G. Srzednicki, H. R. Driscoll, Desorption Isotherms for Stone Fruit, *Drying Technology*, **24 (2), 201-210 (2006)**.

[10] B. R. R. Singh, H. K. Rao, R. S. A. Anjaneyulu, R. G. Patil, Moisture sorption properties of smoked chicken sausages from spent hen meat, *Food Research International*, **34, 143-148 (2001)**.

[11] T. Ahmat, D. Bruneau, A. Kuitche, W. A. Aregba, Desorption isotherms for fresh beef: An experimental and modeling approach. Meat Science, 96, 1417–1424 (2014).

[12] N. Bahloul, N. Boudhrioua, N. Kechaou, Moisture Desorption-Adsorption Isotherms and Isosteric Heats of Sorption of Tunisian Olive Leaves (Olea Europaea L). *Industrial Crops and Products*, **28,162–176 (2008)**.

[13] S. Furmaniak, P. A. Terzyk, A. P. Gauden, The general mechanism of water sorption on foodstuffs – Importance of the multitemperature fitting of data and the hierarchy of models, *Journal of Food Engineering*, **82, 528–535 (2007)**.

[14] S. Brunauer, P. H. Emett, E. Teller, On Adsorption of Gases in Multimolecular Layers, *Journal of the American Chemical Society*, **60, 309-319 (1938)**.

[15] S. Brunauer, L. S. Deming, E. Teller, On a theory of Van Der Waals Adsorption of Gases, *Journal of the American Chemical Society*, **62, 1723-1732 (1940)**.

[16] I. J. Langmuir, The adsorption of gases on plane surfaces of glass, mica, and platinum, *Journal of the American Chemical Society*, **40, 1361-1368 (1918)**.

[17] R. B. Anderson, Modifications of Brunauer, Emmet and Teller Equation, *Journal of the American Chemical Society*, **68, 686-691 (1946)**.

[18] J. H. De Boer, The Dynamical Character of Adsorption: Clarendon Press, Oxford **(1953)**.

[19] E. A. Guggenheim, Applications of Statistical Mechanics: Clarendon Press, Oxford (1966).

[20] C. T. Kiranoudis, Z. B. Maroulis, E. Tsami, D. Marinos-Kouris, Equilibrium Moisture Content and Heat of Desorption of Some Vegetables, Journal of Food Engineering, **20, 55-74 (1993)**.

[21] N. H. Dural, A. L. Hines, A New Theoretical Isotherm Equation for Water Vapor Food Systems: Multilayer Adsorption on Heterogeneous Surfaces, *Journal of Food Engineering*, **20**, 75-96 **(1993)**.

[22] M. Peleg, Assessment of a semi-empirical four parameter general model for sigmoid moisture sorption isotherms, *Journal of Food Process Engineering*, **16**, 21–37 **(1993)**.

[23] S. Furmaniak, A. P. Gauden, P. A. Terzyk, G. Rychlicki, P. R. Wesołowski, P. Kowalczyk, Heterogeneous Do–Do model of water adsorption on carbons, *Journal of Colloid and Interface Science*, **290**, 1–13 **(2005)**.

[24] S. Furmaniak, P. A. Terzyk, A. P. Gauden, G. Rychlicki, Parameterisation of the corrected Dubinin–Serpinsky adsorption isotherm equation, *Journal of Colloid and Interface Science*, **291**, 600–605 **(2005)**.

[25] S. Furmaniak, P. A. Terzyk, A. P. Gauden, G. Rychlicki, Applicability of the generalised D'Arcy and Watt model to description of water sorption on pineapple and other foodstuffs, *Journal of Food Engineering*, **79**, 718–723 **(2007)**.

[26] S. Furmaniak, P. A. Terzyk, R. Gołembiewski, A. P. Gauden, L. Czepirski, Searching the most optimal model of water sorption on foodstuffs in the whole range of relative humidity, *Food Research International*, **42**, 1203–1214 **(2009)**.

[27] M. M. Dubinin, V. V. Serpinsky, Isotherm equation for water vapor adsorption by microporous carbonaceous adsorbents, *Carbon*, **19**, 402–403 **(1981)**.

[28] A. Ben Lamine, Y. Bouazra, Application of Statistical Thermodynamics to the Olfaction Mechanis. *Journal Chemical Senses*, **22**, 67-75 **(1997)**.

[29] M. Khalfaoui, S. Knani, M. A. Hachicha, A. Ben Lamine, New Theoretical Expressions for the Five Adsorption Type Isotherms Classified by BET Based on Statistical Physics Treatment, *Journal of Colloid and Interface Science*, **263**, 350–356 **(2003)**.

[30] S. Knani, M. Khalfaoui, M. A. Hachicha, A. Ben Lamine, M. Mathlouthi, Modeling of Water Vapor Adsorption on Foods Products by a Statistical Physics Treatment Using the Grand Canonical Ensemble, Food Chemistry, **132**, 1686-1692 **(2012)**.

[31] S. Knani, M. Mathlouthi, A. Ben Lamine, Modeling of the Psychophysical Response Curves Using the Grand Canonical Ensemble in Statistical Physics, *Journal of Food Biophysics*, **2**, 183–192 **(2007)**.

[32] S. Knani, F. Aouaini, N. Bahloul, M. Khalfaoui, M. A. Hachicha, A. Ben Lamine, N. Kechaou, Modeling of adsorption isotherms of water vapor on Tunisian olive leaves using statistical mechanical formulation, *Physica A*, **400**, 57–70 **(2014)**.

[33] B. Diu, C. Guthmann, D. Lederer, B. Roulet, Physique Statistique Hermann, Paris **(1989)**.

[34] S. Furmaniak, P. A. Terzyk, A. P. Gauden, F. J. P. Harris, M. Wiśniewski, P. Kowalczyk, Simple model of adsorption on external surface of carbon nanotubes—a new analytical approach basing on molecular simulation data, *Adsorption*, **16**, 197–213 **(2010)**.

[35] D. G. Kinniburgh, J. A . Barker, A. M. Whitfield, Comparison of Some Simple Adsorption Isotherms for Describing Divalent Cation Adsorption by Ferrihydrite, *Journal of Colloid and Interface Science*, **95**, 370-384 **(1983)**.

[36] J. Chirife, A. H. Iglesias, Equations for fitting water sorption isotherms of foods. Part I. A review, *Journal of Food Technology*, **13**, 159-174 **(1978)**.

[37] M. Khalfaoui, M. H. V. Baouab, R. Gauthier, A. Ben Lamine, Acid Dye Adsorption Onto Cationized Polyamide Fibers. Modeling and Consequent Interpretations of Model Parameter Behaviors, *Journal of Colloid and Interface Science*, **296**, 419–427 **(2006)**.

[38] M. Ben Yahia, F. Aouaini, M. A. Hachicha, S. Knani, M. Khalfaoui, A. Ben Lamine, Thermodynamic study of krypton adsorbed on graphite using statistical physics treatment. *Journal of Physica B*, **19**, 100–104 **(2013)**.

[39] L. Couture, R. Zitoun, Physique Statistique Ellipses, Paris **(1992)**.

[40] A. H. Al-Muhtaseb, W. A. M. McMinn, T. R. A. Magee, Water Vapor Sorption Isotherms of Starch Powders. Part 2: Thermodynamic Characteristics. *Journal of Food Engineering*, **62, 135–142 (2004)**.

[41] M. Khalfaoui, M. H. V. Baouab, R. Gauthier, A. Ben Lamine, Statistical Physics Modeling of Dye Adsorption on Modified Cotton. *Adsorption Science & Technology*, **20, 17-31(2002)**.

[42] M. Khalfaoui, M. H. V. Baouab, R. Gauthier, A. Ben Lamine, Dye Adsorption by Modified Cotton. Steric and Energetic Interpretations of Model Parameter Behaviours, *Adsorption Science & Technology*, **20, 33-47 (2002)**.

[43] N. H. Dural, A. L. Hines, A New Theoretical Isotherm Equation for Water Vapor-Food Systems: Multilayer Adsorption on Heterogeneous Surfaces, *Journal of Food Engineering*, **20, 75-96 (1993)**.

[44] M. D. Liébanes, J. M. Aragon, M. C. Palancar, G. Arevalos, D. Jiménez, Equilibrium Moisture Isotherms of Two-Phase Solid Olive Oil By Products: Adsorption Process Thermodynamics, *Colloids and Surfaces A: Physicochemical and Engineering Aspects*, **282-283, 298-306 (2006)**.

[45] A. Nurhan T. Hasan, Moisture sorption isotherms and thermodynamic properties of walnut kernels. *Journal of Stored Products Research*, **43, 252–264 (2007)**.

[46] P. T. Labuza, A. Kaanane, Y. J. Chen, Effects of temperature on the moisture sorption isotherms and water activity shift of two dehydrated foods. *Journal of Food Science*, **50, 385-392 (1985)**.

[47] F. Kaymak-Ertekin, M. Sultanoğlu, Moisture sorption isotherm characteristics of peppers, *Journal of Food Engineering*, **47, 225-231(2001)**.

[48] C. S. Dutcher, Ge. Xinlei, A. S. Wexler, S. L. Clegg, Statistical Mechanics of Multilayer Sorption: Extension of the Brunauer-Emmett-Teller (BET) and Guggenheim-Anderson-de Boer (GAB) Adsorption Isotherms, *The Journal of Physical Chemistry*, **115, 16474-16487 (2011)**.

[49] C. S. Dutcher, Ge. Xinlei, A. S. Wexler, S. L. Clegg, Statistical Mechanics of Multilayer Sorption: 2. Systems Containing Multiple Solutes, *The Journal of Physical Chemistry*, **116, 1850–1864 (2012)**.

[50] S. Kaya, T. Kahyaoglu, Thermodynamic Properties and Sorption Equilibrium of Pestil (Grape Leather), *Journal of Food Engineering*, **71, 200–207 (2005)**.

[51] D.SC Steve Gillet, Cours de chimie appliquée **(2008-2009)**.

Distributions des Tailles des Pores et Distribution des Energies d'adsorption des Feuilles d'Olivier

1. Introduction

Les mesures d'adsorption de gaz sont très utilisées pour la détermination des propriétés des surfaces adsorbantes à savoir, la surface spécifique [1], la distribution des tailles des pores [2], la chaleur isostèrique d'adsorption [3] ainsi que la distribution des énergies d'adsorption de la surface spécifique. L'étude de la distribution des tailles de pores est un domaine de recherche étendu qui a attiré l'attention de nombreux chercheurs sur le plan fondamental et appliqué. Les applications technologiques des milieux poreux sont très nombreuses et suscitent l'intérêt des chercheurs durant les dernières années. Vu l'augmentation des coûts de l'énergie et l'éveil des problèmes environnementaux [4-7]. Elles jouent un rôle primordial dans les processus biologiques (légumes, bois, peau humaine, le cartilage, les os ... [8], naturel (sols, roches poreuses ...) [9] et dans de multiples domaines industriels (bétons, poudres, mousse de métal, céramiques poreuses, ciment, tissu ...) [10]. Il existe de nombreuses techniques qui permettent de caractériser la distribution des tailles de pores [6-12]. Certaines techniques parmi d'autres sont difficiles à mettre en œuvre et sont coûteuses (thermoporométrie, la diffusion aux petits angles, RMN ...) et parfois destructrices, en particulier la technique de la sotériologie où l'étude directe de la géométrie des sections planes d'un milieu poreux [7]. La mesure de l'adsorption à l'interface gaz / solide constitue l'une des méthodes non destructives très utilisées pour la détermination des PSD [11,12].

Les surfaces des adsorbants poreux ont en général des structures géométriques complexes et le phénomène d'adsorption est en relation avec ces irrégularités [12]. La majorité des matériaux adsorbants présente une surface poreuse. Il est souvent utile de distinguer entre la surface externe et interne d'un matériau [13]. La surface externe est généralement considérée comme l'enveloppe géométrique de particules discrètes ou des agglomérats, mais une difficulté se pose dans la définition parce que les surfaces solides sont rarement lisses à l'échelle atomique. Une convention suggérée est que la surface externe soit prise pour inclure tous les proéminences et aussi la surface de ces fissures qui sont plus larges que profondes [9-12]. La surface interne comporte alors les parois de tous les pores, les fissures et les cavités qui sont plus profondes que larges et qui sont accessibles à l'adsorption. Dans la pratique, la délimitation est susceptible de dépendre des méthodes d'évaluation et de la nature de la distribution des tailles des pores. Puisque l'accessibilité des pores peut dépendre de la taille et la forme des molécules de gaz, la zone et le volume enfermés par la surface interne, comme déterminé par adsorption de gaz, peuvent être commandés par les dimensions des molécules d'adsorption (à effet de tamis moléculaire). A l'échelle moléculaire, la rugosité d'une surface solide peut être caractérisée par un facteur de rugosité qui est le rapport entre la surface externe de la surface géométrique choisie et la surface interne [13-15]. Les pores sont classés en fonction de leurs tailles comme suit [11-15]:

- Pores avec des largeurs dépassant environ 50 nm (0,05 μm) sont appelés macropores.
- Pores avec des largeurs inférieures à 2 nm environ sont appelés micropores.
- Pores de taille intermédiaire sont appelés mésopores.

Les différentes distributions expérimentales obtenues pour chaque adsorbât ne reflètent pas la distribution des tailles des pores réelles du matériau utilisé, mais plutôt elle est très utile pour représenter l'intervalle des pores détectés par ces molécules ou aussi l'intervalle accessible à la pénétration des molécules. Ces distributions ne présentent pas en général la structure entière d'une surface adsorbante, mais elles peuvent nous renseigner sur l'hétérogénéité de l'adsorbant ou la taille dominante des pores.

2. Modèle de désorption

La dimension des pores n'est pas le seul paramètre dont dépendent les propriétés d'adsorption dans les solides poreux, leurs formes et la façon dont ils sont imbriqués jouent également un rôle très important.

Le classement des pores en fonction de leurs dimensions est corrélé avec une distinction entre les deux principaux mécanismes de leur remplissage par adsorption. Le premier mécanisme est la condensation capillaire qui concerne les pores de plus grandes dimensions (méso- et macropores). Il se traduit par l'observation, sur les isothermes d'adsorption-désorption, d'une boucle d'hystérésis (figure (1.5) dans le chapitre I) située dans un domaine de pressions relatives importantes ($P/P_o \leq 0.4$) [16]. Celle-ci est observée principalement pour des solides mésoporeux. La boucle d'hystérésis est expliquée par un changement de forme du ménisque, de l'interface liquide/gaz confinés, au cours du phénomène d'adsorption et de désorption. La condensation capillaire est la signature de l'existence d'une phase confinée liquide pour une température donnée à des pressions inférieures mais proches de la pression de vapeur saturante de l'adsorbat [16]. Les boucles d'hystérésis présentent des formes très variées qui dépendent de la texture poreuse du solide.

L'analyse de la courbe de désorption, permet généralement de déterminer la distribution des tailles des pores (PSD).

Dans le cas des micropores où les diamètres sont de l'ordre de quelques diamètres moléculaires de l'adsorbat, l'attraction des parois par les molécules devient prépondérante vis-à-vis de l'énergie de cohésion du condensat qui ne peut plus se former.

Les pores sont alors remplis suivant un mécanisme différent par un fluide dont la texture dépend des interactions avec les parois. Ce remplissage se produit aux faibles pressions relatives (*$P/P_o < 0.01$*) [16]. On peut donc comprendre pourquoi la détermination de l'aire spécifique par la méthode Brunauer, Emett et Teller (BET) conduit à des valeurs anormalement élevées (de l'ordre de 3000 m^2/g dans le cas des charbons actifs. Ces valeurs reflètent plutôt une capacité d'adsorption volumique (absorption) plutôt qu'une aire effective [16,17].

La complexité de la structure poreuse des adsorbants est décrite par la fonction de distribution de la taille des pores.

Elle définit la géométrie de la structure poreuse, c'est-à-dire la répartition du nombre de pores en fonction de leurs largeurs. La distribution de la taille des pores est en général utilisée comme une caractéristique quantitative de la structure d'un adsorbant poreux. Les différentes formes de la boucle d'hystérésis selon De Boer sont classées à partir de leur géométrie des pores [18,19], cette classification est présentée à la figure (5.1) :

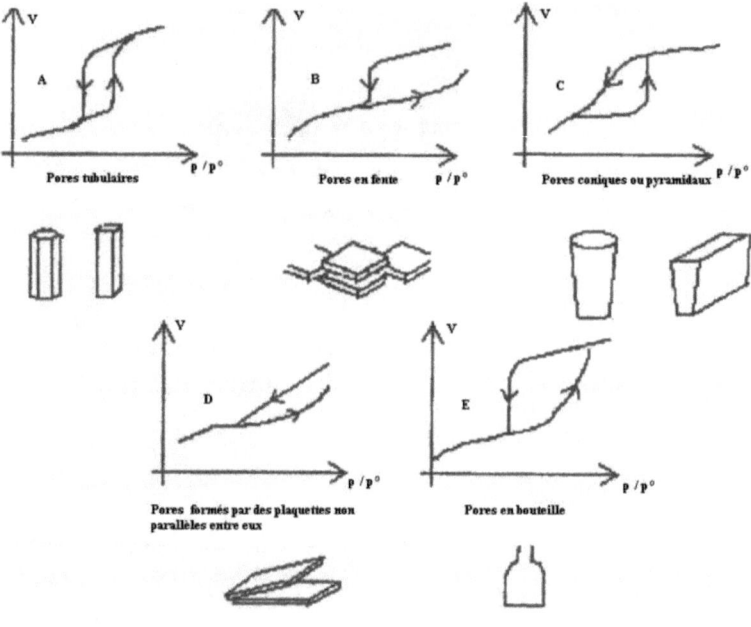

Figure 5.1. Classification selon De Boer des cinq types d'hystérésis [18].

3. Méthodes pour la détermination de la porosité

Parmi les techniques expérimentales les plus utilisées pour déterminer la distribution des pores des matériaux poreux, on distingue les méthodes traditionnelles comme, la méthode de BJH, la méthode de DFT, et la méthode de porosimètre.

3.1. Méthode de Barrett, Joyner et Halenda (méthode BJH)

La distribution en taille de pores des échantillons mésoporeux a été déterminée par la méthode BJH (Barrett, Joyner, et Halenda) appliquée à la courbe de désorption [20]. Dans cette méthode, l'application de l'équation de Kelvin permet d'exprimer la courbe de désorption en fonction de la pression. La distribution volumique de tailles de pores est alors obtenue par la dérivée de cette courbe. Cette méthode repose sur les hypothèses suivantes :

- ❏ La texture poreuse, supposée indéformable, est constituée de mésopores indépendants et de géométrie bien définie.

- ❏ L'adsorption multimoléculaire se produit sur les parois des mésopores de la même façon que sur une surface plane.

- ❏ La loi de Kelvin est supposée applicable dans les mésopores. Elle donne la relation entre la pression p à laquelle se condense un gaz dans un tube capillaire, de rayon de courbure r_k « « rayon de Kelvin » du ménisque liquide formé [20].

$$r_k = (-0.415)/\log(P/P_0) \tag{5.1}$$

- ❏ La condensation capillaire se produit dans les mésopores dont les parois sont déjà recouvertes d'une couche multimoléculaire dont l'épaisseur t dépend de la pression d'équilibre selon une loi définie empiriquement [20].

$$t_{/nm} = \left[\frac{0.1399}{0.034-\log\frac{P}{P_0}}\right]^{0.5} \tag{5.2}$$

- ❏ On admet généralement que la surface de l'adsorbant déjà recouverte de diazote adsorbé est parfaitement mouillante, c'est-à-dire que l'angle de contact θ entre adsorbat-adsorbant est nul ($\cos \theta = 1$).

- ❏ Dans le cas d'un pore cylindrique, le rayon de pore r_p est relié au rayon de Kelvin r_k par la relation suivante [20] :

$$r_p = r_k + t \tag{5.3}$$

3.2. Méthode DFT

La théorie fonctionnelle de la densité (DFT, acronyme pour Density Functional Theory) est une méthode de calcul quantique permettant à la structure électronique, en principe de manière exacte. Il s'agit de l'une des méthodes les plus utilisées dans les calculs quantiques aussi bien en physique de la matière condensée qu'en chimie quantique en raison de son application possible à des systèmes de tailles très variées, allant de quelques atomes à plusieurs centaines [20].

La distribution des tailles des pores peut être déterminée par la méthode DFT [20]. Cette méthode théorique permet de calculer un ensemble d'isothermes d'adsorption de référence pour un ensemble de pores de tailles différentes. Ensuite, lors de la confrontation à une isotherme expérimentale d'adsorption, on va considérer que les pores se remplissent de façon indépendante les uns des autres. L'isotherme expérimentale correspond donc à une somme pondérée des isothermes individuelles de chaque type de pore présent dans la distribution poreuse. Cette méthode nécessite de définir une configuration géométrique (pores cylindrique ou en forme de fente) ainsi qu'un potentiel d'interaction pour pouvoir construire une isotherme simulée la plus proche possible de l'isotherme réelle [20].

3.3. Porosimétrie au mercure

Cette méthode est appelée « porosimétrie au mercure » ou « l'intrusion du mercure ». Pour cette méthode invasive, le fluide introduit sous pression dans le milieu poreux est le mercure qui a la particularité d'être très peu mouillant. Les pores du matériau sont généralement supposés être cylindriques. Le matériau est préalablement séché puis introduit dans une enceinte à la pression atmosphérique. On injecte ensuite le mercure sous une pression croissante pour envahir les pores. Cette méthode consiste à appliquer la loi de Laplace [21] :

$$r = \frac{2\sigma_{lg}\cos\theta}{P} \qquad (5.4)$$

où r est le rayon du pore cylindrique, σ_{lg} est la tension de surface entre le mercure et l'air, $\theta=140°$ est l'angle de contact entre le solide et le liquide, P est la pression exercée sur le liquide.

Bien que son utilisation soit très répandue, cette technique comporte de nombreuses limites :

- Elle peut constituer par exemple un risque important sur la microstructure de l'échantillon poreux (microfissuration, déshydratation,..)à cause de l'opération préalable de séchage du matériau (plus de 24h à l'étuve ou pompage sous vide) [21].

- Pour être capable de scanner tous les pores et notamment les plus petits, on est obligé d'augmenter la pression d'intrusion ce qui peut introduire des déformations et une modification irréversible de la structure poreuse allant même jusqu'à la destruction de l'échantillon [21]

- Enfin, l'utilisation du mercure est déconseillée à cause de la toxicité de ses vapeurs [21].

4. Théorie

Les modèles déjà cités, dans le chapitre1 ainsi que nos modèles proposés dans les chapitres 3 et 4 supposent la présence d'une surface homogène. Les énergies molaires d'adsorption sont considérées des valeurs moyennes sur l'isotherme globale. Nous proposons d'approfondir notre étude par la détermination de la taille des pores (PSD) ainsi qu'une description énergétiques de la surface d'adsorption en utilisant une combinaison entre notre modèle statistique et l'équation de Kelvin.

Equation de Kelvin

Dans un tube capillaire contenant un liquide en présence de sa vapeur, les forces dues à la tension interfaciale existant entre les différentes interfaces (Solide/Liquide, Solide/Gaz, Liquide/Gaz) ont une résultante non nulle : il s'ensuit la formation d'un ménisque donnant une différence de pression donnée par la loi de Laplace [21].

Lorsque le liquide mouille les parois du capillaire, c'est-à-dire lorsque l'angle de contact θ formé entre le ménisque et le solide, est inférieur à 90°, un gaz se condense à une pression de vapeur p inférieur à sa pression de vapeur saturante p_o : c'est le phénomène de condensation capillaire [22] (figure 5.2).

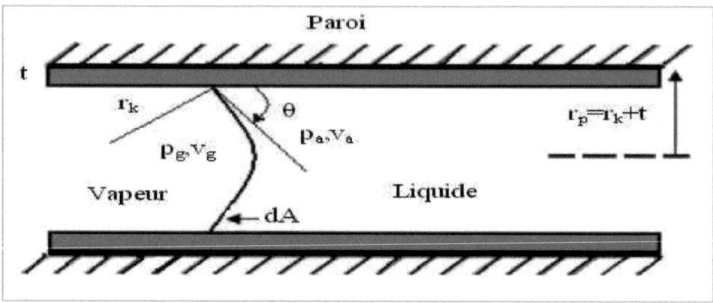

Figure 5.2 : Equilibre gaz/liquide dans un tube capillaire [22].

Thomas Young a montré que les propriétés mécaniques de la région d'interface peuvent être décrites par une surface de tension caractérisée par une tension superficielle σ.

Les variables définissant l'état du système sont l'aire de l'interface A, le volume occupé par le gaz v_g, celui de la phase adsorbée v_a et les pressions p_g, p_a des phases gazeuses et adsorbée [21- 23].

Le travail thermodynamique dans un capillaire avec un ménisque hémisphérique :

$$dW = -p_g dv_g - p_a dv_a + \sigma dA \qquad (5.5)$$

La condition d'équilibre s'écrit :

$$dW = 0 \qquad (5.6)$$

La conservation du volume total v_T, impose que les variations de volume de la phase gazeuse soient simplement reliées aux variations de volume de la phase adsorbée

$dv_a = -dv_g = 4\pi r_k^2 dr$,et l'élément de surface $dA = 8\pi r dr$, ce qui donne :

$p_a - p_g = \dfrac{-2\sigma}{r}$, c'est l'équation de Laplace.

À l'équilibre la coexistence du gaz et de la phase adsorbée impose l'égalité des potentiels chimiques des deux phases considérées : $\mu_g = \mu_a$

Pour chaque phase en présence, l'équation de Gibbs-Duhem s'écrit :

$$S_g dT - v_g dp_g + N_g d\mu_g = 0 \qquad \text{(5.6-a)}$$

$$S_a dT - v_a dp_a + N_a d\mu_a = 0 \qquad \text{(5.6-b)}$$

où N_a et N_g sont le nombre d'atomes de la phase adsorbée et de la phase gazeuse.

À une température constante :

$$d\mu_a = v_a dp_a \text{ et } d\mu_g = v_g dp_g \qquad \text{(5.6-c)}$$

de l'égalité $\mu_g = \mu_a$ on obtient :

$$v_g dp_g = v_a dp_a \qquad \text{(5.7)}$$

Et on aura

$$d\left(p_g - p_a\right) = -d\left(\frac{\sigma}{2r}\right) \qquad \text{(5.8)}$$

Pour un gaz parfait $v_g = RT/p_g$, et pour un liquide $v_a \ll v_g$ donc

$$\frac{-v_a}{RT} d\left(\frac{2\sigma}{r}\right) = \frac{dp_g}{p_g} \qquad \text{(5.9)}$$

L'intégrale de cette équation tels que : [r (∞, r) ; p_g (p_o, p)] aboutit à l'équation de Kelvin

$$\ln\left(\frac{p}{p_0}\right) = \frac{-2\sigma v_a}{rRT} \qquad (5.10)$$

Cette équation s'écrit aussi dans le cas général [21-24] :

$$\ln\left(\frac{p}{p_0}\right) = \frac{-2\sigma V_L}{rRT} \cos\theta_k \qquad (5.11)$$

5. Détermination de la PSD par le modèle de désorption basé sur l'équation de Kelvin

Le terme (P/P_0) représente l'activité de l'eau à une température donnée, avec $\cos\theta_k=1$. En utilisant l'équation de Kelvin l'activité de l'eau (5.11) peut s'écrire :

$$\left(\frac{p}{p_0}\right) = (a_w) = e^{\left(\frac{-2\sigma V_L}{rRT}\right)} = e^{\left(\frac{-K_k}{r}\right)} \qquad (5.12)$$

où P est la pression d'air humide, P_0 est la pression de vapeur saturante, a_w est l'activité de l'eau, σ est la tension superficielle, V_L est le volume molaire, T est la température, R est la constante universelle des gaz, r est le rayon du pore et K_k est la constante de Kelvin. La pression relative lorsque la condensation se produit des pores dépend du rayon des pores. L'équation de Kelvin fournit une corrélation entre le rayon de pore et la pression de condensation dans les pores [23]. La condensation capillaire d'un gaz dans les pores décrite par l'équation de Kelvin est valable pour des pores de formes cylindriques.

La détermination de la distribution des pores passe par la dérivée du volume désorbé par rapport au rayon du pore.

Comme nous avons mentionné dans le chapitre 4, le modèle (1) peut être une bonne représentation des données expérimentales de désorption. Le modèle donnant la quantité adsorbée en fonction de l'activité de l'eau, peut être aussi écrit comme volume adsorbée en fonction de l'activité de l'eau. Le volume adsorbé est déterminé à partir de la quantité adsorbée $Q = n \times N_0$ à l'aide de la formule $\rho_{eau} = \dfrac{M}{V} = 1$ avec $M = Q$ d'où $\dfrac{Q}{V} = 1$ donc $Q = V$.

Une telle relation peut être écrite en fonction du rayon du pore en introduisant l'équation de Kelvin. Donc en utilisant les relations (modèle 1) et (5.12) nous pouvons écrire :

$$V_a = (V_M) \left(\frac{\left(\frac{\left(\frac{-K_k}{r}\right)}{a_1}\right)^n + 2\frac{\frac{\left(e^{\frac{-K_k}{r}}\right)^n}{a_1}\frac{\left(e^{\frac{-K_k}{r}}\right)^n}{a_2}\left(1-\left(\frac{e^{\frac{-K_k}{r}}}{a_2}\right)^{nN_2}\right)}{1-\left(\frac{e^{\frac{-K_k}{r}}}{a_2}\right)^n} - \frac{\frac{\left(e^{\frac{-K_k}{r}}\right)^n}{a_1}\frac{\left(e^{\frac{-K_k}{r}}\right)^n}{a_2}\frac{\left(e^{\frac{-K_k}{r}}\right)^{nN_2}}{a_2}}{1-\left(\frac{e^{\frac{-K_k}{r}}}{a_2}\right)^n} N_2 + \frac{\frac{\left(e^{\frac{-K_k}{r}}\right)^n}{a_1}\frac{\left(e^{\frac{-K_k}{r}}\right)^{2n}}{a_2}\left(1-\left(\frac{e^{\frac{-K_k}{r}}}{a_2}\right)^{nN_2}\right)}{\left(1-\left(\frac{e^{\frac{-K_k}{r}}}{a_2}\right)^n\right)^2}}{\left(1+\left(\frac{e^{\frac{-K_k}{r}}}{a_1}\right)^n\right) + \frac{\frac{\left(e^{\frac{-K_k}{r}}\right)^n}{a_1}\frac{\left(e^{\frac{-K_k}{r}}\right)^n}{a_2}\left(1-\left(\frac{e^{\frac{-K_k}{r}}}{a_2}\right)^{nN_2}\right)}{1-\left(\frac{e^{\frac{-K_k}{r}}}{a_2}\right)^n}} \right)$$

$$(5.13)$$

La dérivée du volume adsorbé par rapport au rayon donne la distribution des tailles de pores de l'adsorbant:

$$PSD = \frac{dV_a}{dr} \qquad (5.14)$$

Une résolution numérique de l'équation (V_a) du modèle 1, permet d'accéder à dV_a / dr par rapport à la taille des pores de l'adsorbant.

Notons qu'il y a trois paramètres dans la détermination de la taille des pores à savoir le nombre de molécule par site (n), le volume monocouche V_m et la constante de Kelvin déjà définie. Nous proposons dans ce qui suit une étude théorique des effets des trois paramètres cités et leurs répercussions sur la PSD.

5.1. Effet du paramètre n

L'effet de n sur la distribution de la taille des pores est illustré à la figure (5.3). Nous remarquons que si n augmente la distribution est décalée vers les rayons des pores les plus grands. Comme nous avons déjà mentionné auparavant, la molécule d'eau a deux façons d'ancrage sur la surface d'adsorption. Nous avons ainsi choisi trois valeurs de n (n=1, n=1.5 et n=2), correspondant à un ancrage perpendiculaire. En effet, le choix d'une seule manière d'ancrage permet de ne pas entrainer d'autre paramètre affectant la PSD à savoir la géométrie, l'incidence, etc...

Nous pouvons noter également qu'une augmentation de n peut être synonyme d'une augmentation du volume des pores ainsi que la teneur en eau.

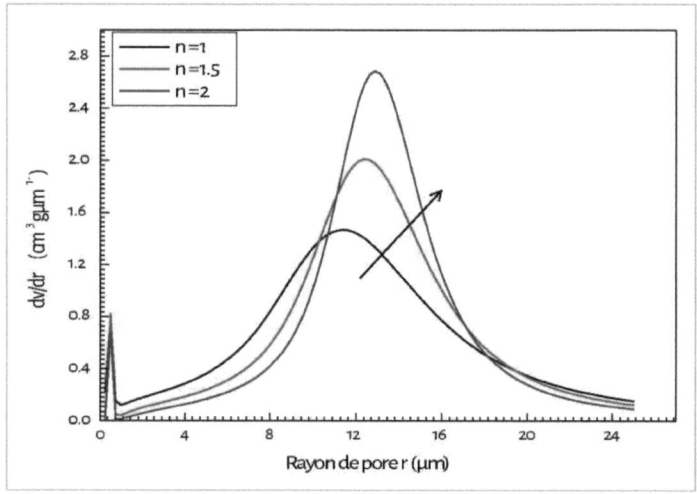

Figure 5.3. Effet du paramètre (n) sur la distribution de taille des pores.

5.2. Effet de V_m

L'effet de la variation de la valeur (V_m) sur la PSD peut être compris à partir de la figure (5.4). La répartition des tailles des pores est presque inchangée lorsqu'il y a variation du volume monocouche V_m. Ceci est observé à partir de la figure (5.4) où nous avons porté dV/dr en fonction du rayon des pores pour trois valeurs de V_m. En effet, la position du maximum du pic donnant la taille la plus probable est invariante. Cette augmentation du volume monocouche permet d'augmenter le volume poreux et n'affecte pas la distribution elle-même. Le seul effet d'une variation du paramètre V_m est tout simplement d'augmenter l'intensité du pic. La figure 5.4 illustre l'effet de V_m sur la distribution de taille des pores.

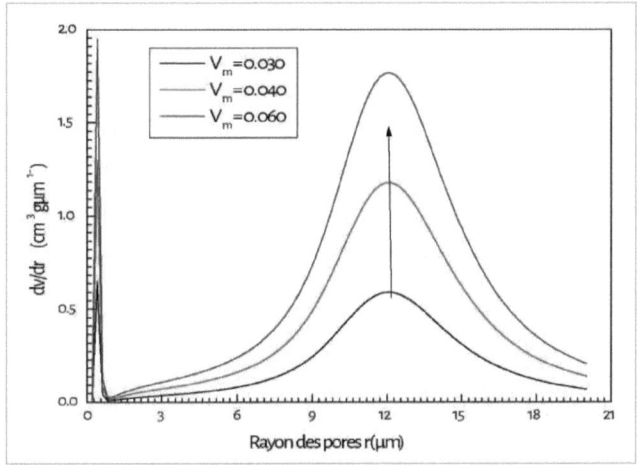

Figure 5.4. Effet de V_m sur la distribution de taille des pores.

5.3.   Effet de K_k

Il convient, avant de passer à l'étude de l'effet de la constante de Kelvin K_k sur la distribution de taille des pores, de rappeler son expression ainsi que l'énumération des différents paramètres qu'elle cache. Ce paramètre est donnée par :

$$K_k = \frac{2\sigma V_L}{RT} \cos\theta_k \qquad (5.15)$$

Dans le cas où $\cos\theta_k = 1$ et pour la molécule d'eau $K_k = 1.345\ 10^{-6}$ à la température T = 303 K

- ❑ $V_L = 22.4\ 10^{-3}$ m³mol⁻¹
- ❑ $\sigma = 75.64.10^{-3}$ N.m⁻¹.

◻ R=8.31 J/mol.K.

Le fait de varier K_k revient à changer la température puisque la tension de surface et le volume molaire sont supposés constants et ne dépendent pas de la température. Nous reportons sur la figure 5.5 l'effet de la constante de Kelvin K_k sur le PSD.

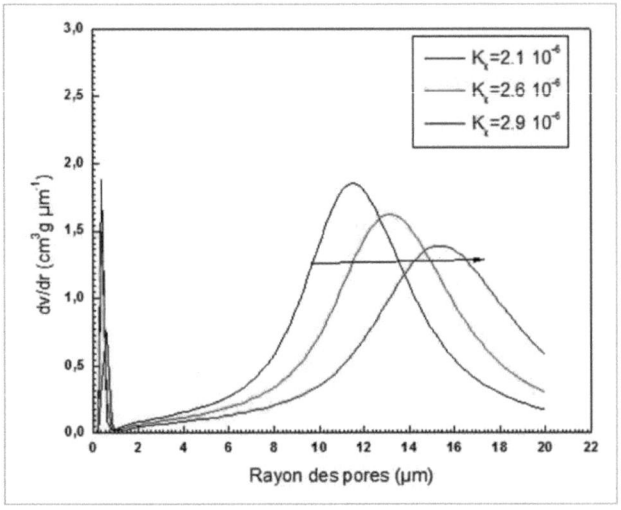

Figure 5.5. Effet de K_k sur la distribution de taille des pores.

Nous pouvons noter tout d'abord que, l'augmentation de la constante de Kelvin K_k est un signe d'un décalage de la distribution des tailles vers les plus grande taille avec un élargissement. La diminution du pic d'intensité dV / dr est un changement dans le rayon des pores vers les grandes valeurs.

5.4. Distribution des tailles de pores

A partir de la relation (5.14), nous avons déduit la PSD pour les quatre variétés des feuilles d'olivier à différentes températures. La variation de cette distribution pour différentes valeurs de la température est illustrée dans la figure 5.6.

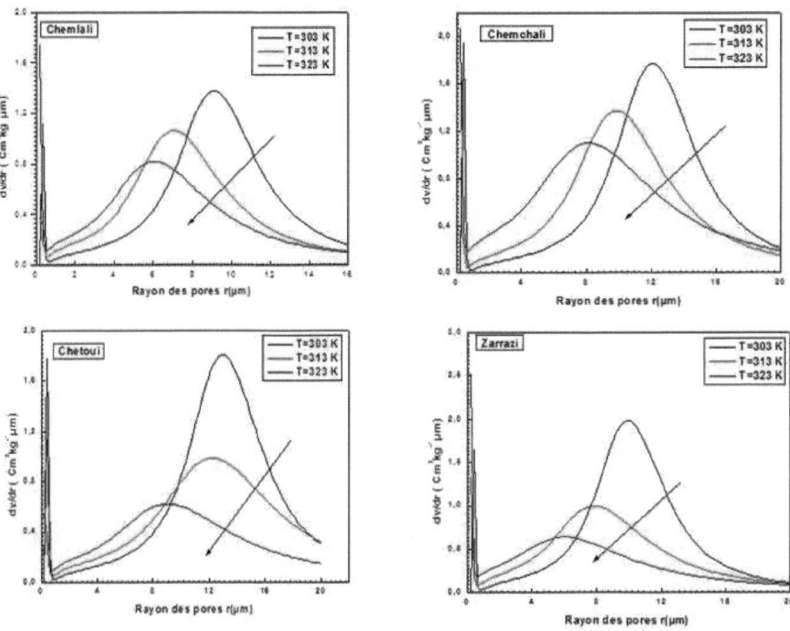

Figure 5.6. Distribution de la taille des pores pour les quatre variétés des feuilles d'olivier.

D'après la figure 5.6, nous remarquons que les quatre variétés des feuilles d'olivier possèdent des distributions de pores comparables. La gamme des pores accessible varie presque de 8 à 16 µm c.à.d. il s'agit des macropores. Le rayon le plus probable correspondant au pic est obtenu à 10.4 µm pour "Chemlali", 12.2 µm pour "Chemchali ",14.8µm pour la variété "Chétoui " et 10,2 µm pour " Zarrazi.

Les images MEB montrent une différence au niveau des caractéristiques morphologiques de feuilles d'olivier frais.

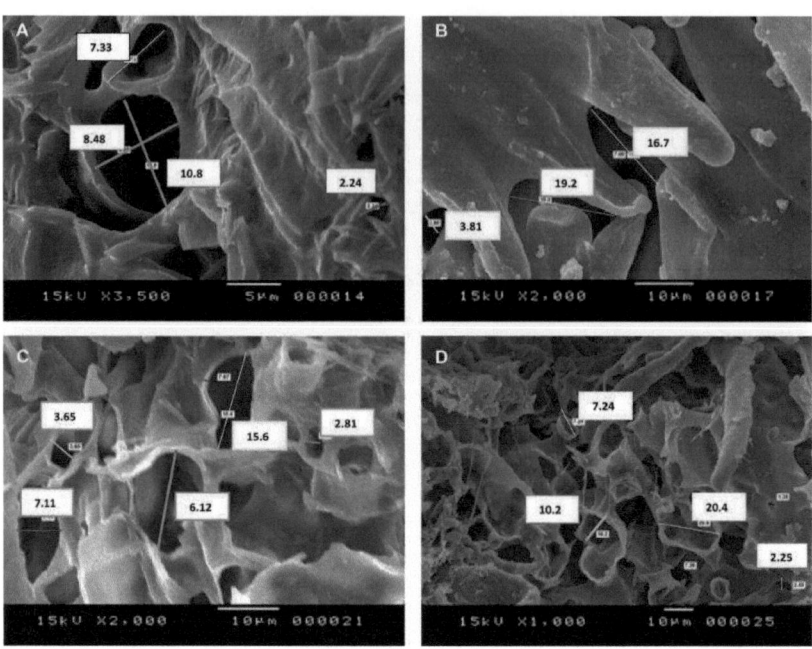

Fig.5.7 – Image de microscopie électronique à balayage (MEB) : observations des taille des pores des feuilles d'olivier: (a) Chemlali, (b) Chemchali, (c) Chetoui, et (d) Zarrazi.

Il est intéressant aussi de noter qu'une augmentation de la température entraine une translation de la distribution vers les faibles valeurs des rayons. Ceci peut être attribué probablement au caractère polaire de l'eau [25] et le fait d'augmenter la température offre la possibilité à la molécule d'eau de migrer et de sonder les pores de faibles rayons. En vue de s'assurer des ordres de grandeurs des tailles des pores déterminées par notre modèle nous avons réalisé des images MEB de nos échantillons. On a constaté que les feuilles d'olivier présentent une surface hétérogène, au point de vue cavités et pores observées. En particulier, les tailles moyennes des pores obtenus par images MEB sont comparables à celles obtenues par notre méthode. Un résultat similaire a été proposé dans d'autres études sur les mêmes variétés par Mahjoub et al [26,27].

6. Détermination de la distribution d'énergie

La surface d'adsorbant peut être également décrite énergiquement par une fonction donnant la distribution d'énergie de la surface d'adsorption. Cette énergie peut être liée à la distribution des tailles de pores (PSD). La répartition énergétique des différents sites va être déduite de la PSD. En effet, les surfaces des adsorbants poreux ont des structures géométriques complexes et l'affinité varient d'un adsorbat à un autre [28]. La taille des pores est reliée à l'énergie d'adsorption, d'où la PSD est relié à une distribution des énergies d'adsorption ADE [29-30].

La notion d'énergie globale d'adsorption sur la surface d'un solide telle qu'elle est habituellement utilisée, dans notre modèle par exemple, a un caractère statistique qui caractérise un comportement macroscopique global du processus de désorption. Cette notion perd toute signification à l'échelle microscopique.

Dans Ce travail, nous avons appliqué les hypothèses adoptées par l'identification de Cerofolini [31] avec l'équation de Kelvin [15] pour déterminer l'énergie d'adsorption. L'implication de l'utilisation de cette relation est peut-être un déficit de prévoir avec exactitude la zone microporeuse. Toutefois, cette imprécision peut être amoindrie car le nombre de molécules d'adsorbat pourrait encore définir un ménisque de condensation. Par contre, l'approche des Cerofolini concerne l'énergie d'adsorption qui est reliée à la pression par l'équation de Polanyi [31,32].

Equation de Polanyi

D'après la théorie de Polanyi ou l'approximation de Cerofolini [31], l'énergie d'adsorption peut être reliée à la pression par l'expression suivante :

$$P = P_0 e^{-\frac{E}{RT}}$$

(5.16)

Ou P_0 est la pression de vapeur saturante, E est l'énergie d'adsorption, R est la constante de gaz parfait, et T la température en Kelvin, donc l'énergie d'adsorption E peut être écrit :

$$\ln\left(\frac{p}{p_0}\right) = -\frac{E}{RT} \tag{5.17}$$

En faisant l'égalité entre les équations (5.12) et (5.17) on obtient :

$$\left(\frac{p}{p_0}\right) = (a_w) = e^{\left(\frac{-2\gamma V_L}{rRT}\right)} = e^{\left(-\frac{E}{RT}\right)} \Leftrightarrow e^{\left(-\frac{K_k}{r}\right)} = e^{\left(-\frac{E}{k_p}\right)} \tag{5.18}$$

On pose kp =R*T

Une méthode numérique est appliquée pour la détermination de la distribution d'énergie à partir des isothermes expérimentales.

Nous remplaçons dans l'expression (5.13) le terme k_k / r par E / k_p, nous obtenons alors l'équation suivante :

$$(5.19)$$

Le dérivé de l'équation (5.19) par rapport à l'énergie donne la distribution de l'énergie d'adsorption.

$$AED = \frac{dV_a}{dE}$$

(5.20)

La figure (5.8) d'écrit le comportement des distributions d'énergies obtenues pour les quatre variétés des feuilles d'olivier ('Chemlali', 'Chemchali', 'Chetoui' et 'Zarrazi') à trois températures (303,313, et 323 K).

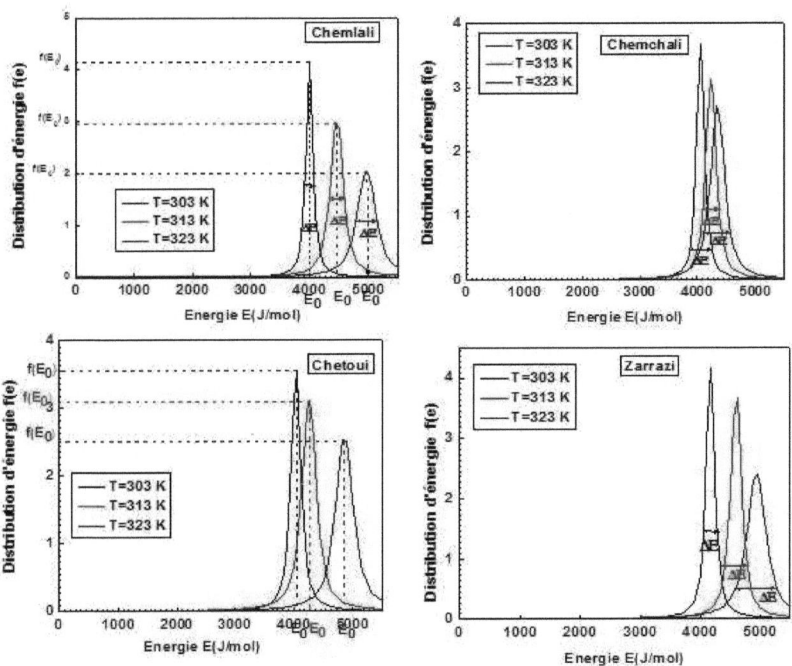

Figure 5.8. Distributions des énergies d'adsorption obtenues pour les quatre variétés des feuilles d'olivier à différentes températures.

On remarque que les valeurs des énergies ne dépassent pas 50 kJ/mol ce qui confirme bien qu'il s'agit bien d'une physisorption pour toutes les variétés. Ainsi, dans le cas de variété

'Chemlali', la gamme des énergies, ΔE, est entre (38 kJ/mol et 42 kJ]) à 303 K, (43 kJ/mol et 48 kJ/mol) à 313 K, et entre (46 kJ/mol et 53 kJ/mol) est à 323 K, dans le cas de variété 'Chemchali' la distribution d'énergie garde la même forme et s'étale presque sur le même intervalle pour différente valeurs de la température (37 kJ/mol à 49 kJ/mol), pour le cas de variété 'Chetoui' l'intervalle d'énergie entre (37 kJ/mol et 43 kJ/mol) à 303 K, (40 kJ/mol et 46 kJ/mol) à 313 K, et (46 kJ/mol et 53 kJ/mol), et pour le cas de variété de 'Zarrazi' la gamme des énergie varient entre (39 kJ/mol/ et 44 kJ/mol) à 303 k, (44 kJ/mol et 48 kJ/mol) à 313 K, et (46 kJ/mol et 54 kJ/mol).

On peut constater d'après la figure (5.8) que toutes les variétés possèdent des distributions d'énergies de mêmes allures : les distributions ont toutes une forme gaussienne. Ceci traduit un comportement normal d'une variable physique habituelle, pour ces distribution, on associe une énergie moyenne E_o, une dispersion ΔE et une valeur maximale de la hauteur du pic $f_m(E_o)$. Il est évident qu'il existe un lien entre ces trois paramètres. Il est remarquable que la température agisse sur ces trois caractéristiques. Tout d'abord on peut dire que quelque soit la température, dans laquelle les isothermes sont réalisées, les moyennes E_o de tous les pics à la dispersion ΔE sont situées dans la bande des énergies d'adsorption physique. Plus la température est élevée plus l'agitation thermique est importante le décalage se fait vers les hautes énergies. Les faibles énergies sont supprimées par l'agitation thermique et ne restent pas que les énergies fortes qui résistent à l'agitation. Ainsi la température tend à supprimer les faibles ancrages (à faible température) et à garder seulement un ancrage à haute énergie, ce qui rend la molécule adsorbée « verticale » à la surface adsorbante.

L'augmentation de la température agit de la même manière sur toutes les variétés des feuilles d'olivier : La densité la plus probable $f_m(E_o)$ diminue avec la température par exemple pour le cas de variété 'Chetoui', $f_m(E_o)$ varie de (3.6, à 303K, 3.2 à 313 K, 2.6 à 323 K). L'énergie moyenne E_o augmente avec la température, par exemple pour le cas de variété 'Chemlali', E_o est égale à 40 kJ à 303K, 45 kJ à 313K et 50 kJ/mol à 323 K. La distribution ΔE augmente aussi avec la température. En ce qui concerne l'énergie, le décalage de la distribution vers les hautes énergies traduit d'une part que sous l'effet de l'agitation thermique croissante, les énergies faibles d'adsorption cèdent devant les énergies fortes et d'autre part on peut dire même que des énergies fortes qui n'étaient pas excitées dans le processus d'adsorption vont participer à haute températures à la réaction d'adsorption. Donc seules les énergies hautes ont résister dans le processus.

En ce qui concerne la distribution ΔE on voit qu'elle augmente toujours avec la température. Ceci traduit le fait que la fluctuation sur l'énergie augmente avec l'agitation thermique, ce qui indique qu'une modélisation de telle isotherme avec une seule énergie (ε_i) n'est plus acceptable à grande dispersion par contre à basse température la distribution des énergies tend vers un pic prononcé de hauteur notable avec une dispersion presque nulle. Ce qui justifie toute modélisation des isothermes d'adsorption par un modèle monoénergétique ou tout au moins par un nombre de types de sites réduit. Et enfin la hauteur du pic diminue toujours avec la température. Évidemment, ceci traduit une question d'invariance ou de conservation de la quantité de matière adsorbée qui est proportionnelle à $f_m(E_o)^* \Delta E =$ constante. Lorsque l'énergie est dispersée par l'agitation thermique c.à.d. ΔE devient notable, ceci impose à $f_m(E_o)$ de diminuer pour conserver une quantité de matière adsorbée notable et ceci provient de la notion de conservation de l'énergie rencontrée dans un très grand nombre de phénomènes physique tels que le rayonnement d'un corps noir à des températures variables.

7. Conclusion

Bien que le rôle de l'adsorption de gaz dans la caractérisation des surfaces solides est bien établi, il y a encore un manque d'un accord général concernant l'évaluation, la présentation et l'interprétation des données de désorption. Par la présente étude, nous avons contribué à la recherche du phénomène de désorption. Nous avons utilisé notre modèle traité par la physique statistique, pour déterminer la distribution de taille des pores (PSD) basé sur l'équation de Kelvin. Nous avons étudié l'effet de différents paramètres sur la distribution de taille des pores à savoir le nombre de molécule par site (n), le volume monocouche V_m et la constante de Kelvin k_k. Nous avons été en mesure de fournir une comparaison de la PSD avec les images de MEB et les résultats donnés dans la littérature.

La fonction de la distribution de l'énergie est obtenue par identification de la relation entre l'énergie d'adsorption et la largeur des pores. Nous avons étudié cette fonction de distribution en fonction de la température pour les quatre variétés d'olive où nous avons justifié précédemment l'utilisation de deux énergies discrètes. Les résultats trouvés reste dans le cadre d'une adsorption physique où l'intervalle ne dépasse pas 50 J / mol.

Références

☐ [1] N. Aktas, A. Gürses, Moisture adsorption properties and adsorption isosteric heat of dehydrated slices of pastirma (Turkish dry meat product), *Meat Science*, **71, 571**–576 (2005).

☐ [2] L. E. W. Spiess, W. Wolf, Critical evaluation of methods to determine moisture sorption isotherms. Water activity: Theory and applications in Food, *New York: Academic Press*, **215–233 (1987)**.

☐ [3] G. Clemente, J. Bon, J. Benedito, A. Mulet, Desorption isotherms and isosteric heat of desorption of previously frozen raw pork meat, *Meat Science*, **82, 413**–418, **(2009)**.

☐ [4] J. Comaposada, P. Gou, Z. Pakowski, J. Arnau, Desorption isotherms for pork meat at different NaCl contents and temperatures, *Drying Technology*, **18, 723–746 (2000)**.

☐ [5] C. M. Carbajo, E. Climent, E. Enciso, J. M. Torralvo, Characterization of latex particle arrays by gas adsorption, *Colloid and Interface Science*, **28, 639-645 (2005)**.

☐ [6] S. A. Korili, A. Gil, On the Application of various methods to evaluate the microporous properties of activated carbons, *Adsorption*, **7, 249-264 (2001)**.

☐ [7] G. De Marsily, Quantitative hydrogeology: groundwater hydrology for engineers. Academic Press **(1986)**.

☐ [8] C. J. Cheftel, H. Cheftel, Introduction à la Biochimie et à la Technologie des Aliments Collection Technique et Documentation, Paris: Lavoisier, **1 371 (1977)**.

☐ [9] K. Kovarik, Numerical models in groundwater pollution, Springer **(2000)**.

☐ [10] T. F. M. Kortekaas, Water/oil displacement characteristics in crossbedded reservoir zones, *Society of Petroleum Engineering* **(1985)**.

☐ [11] F. A. L. Dullien, Porous Media, Second Edition: Fluid Transport and Pore Structure, *Academic Press, 2 ^{edition}* **(1992)**.

☐ [12] R. J. Umpleby, S. C. Baxter, Y. Chen, N. Shah, K. D. Rand, Shimizu, Characterization of molecularly imprinted polymers with the Langmuir-Freundlich isotherm, *Analytical Chemistry*, **73(19), 4584-91(2001)**.

☐ [13] W. S. K. Sing, Reporting physisorption data for gas/solid systems with special reference to the determination of surface area and porosity (Recommendations 1984), *Pure and Applied Chemistry*, **57, 603–619 (2009)**.

☐ [14] A. A. Campos, L. Dimitrov, R. C. da Silva, M. Wallau, A. E. Urquieta-González, Recrystallisation of mesoporous SBA-15 into microporous ZSM-5, *Microporous and Mesoporous Materials*, **95, 92–103 (2006)**.

☐ [15] J. S. Gregg, W. S. K. Sing, Adsorption, Surface Area and Porosity, *Academic Press*, London New York **(1982)**.

☐ [16] M. Abdelbassat Slasli, « Modélisation de l'adsorption par les charbons microporeux: Approche théorique et expérimentale », **Thèse de Doctorat**, Université de Neuchâtel, Faculté des sciences *(2002)*.

☐ [17] S. Lowell, E. J. Shields, A. M. Thomas, M. Thommes, Characterization of Porous Solids and Powders: Surface Area, Pore Size and Density, Kluwer Academic, Doderct, *Chapter 4* **(2004)**.

☐ [18] S. Lautrette, « Utilisation des Fibres de Carbone Activé comme catalyseurs de Oet- N-glycosylation, Application à la synthèse d'analogues de saponines et de nucléosides », **Thèse de doctorat**, Université de Limoges **(2004)**.

☐ [19] J. Rouquerol, et al. Recommendations for the characterization of porous solids, *Pure & Applied Chemistry*, **66, 1739-1758 (1994)**.

☐ [20] F. Rouquerol, J. Rouquerol, K. Sing, Adsorption by powders and porous solids, *Academic Press* **(1999)**.

[21] G. Monvoisin, G. Gildas, C. Jean Jacques, Test préliminaire de sèparation et de purifictaion des gaz sur la ligne de l'expèrience PALOMA d'analyse de volatils martiens. *Institut Pierre Siomon Laplace des sciences de l'environnement Global* **(2004)**.

[22] Bogdan Kutcha,"Caractérisation thermodynamique de surfaces", IV Adsorption, condensation capillaire, **Université de Provence, centre de Saint-Jérôme**, Marseille13397.

[23] A. Boutin, G. Dosseh, A. Fuchs, Eléments de thermodynamique Masson **(1997)**.

[24] W. S. K. Sing, H. D. Everett, W. A. R. Haul, M. Moscou, A. R. Pierotti, J. Rouquerol, T. Siemieniewska, Reporting Physisoption Data for Gas/Solid Systems with special Reference to the Determination of Surface Area ans Porosity, *Pure Applied Chemistry*, **57, (4)**, 603-619 (1985).

[25] J. Reungoat, « Etude d'un procédé hybride couplant adsorption sur zéolithes et oxidation par l'ozone. Application au traitement d'effluents aqueux industriels », **Thèse de Doctorat**, *Institut National des sciences Appliquées de Toulouse* **(2007)**.

[26] H. Manai, F. Mahjoub Haddada, I. Oueslati, D. Daoud, M. Zarrouk, Characterization of monovarietal virgin oils from six crossing varieties, *Scientia Horticulturae*, **115, 252-260 (2008)**.

[27] F. Mahjoub-Haddada, H. Manai, D. Daoud, X. Fernandez, L. Lizzani-Cuvelier, M. Zarrouk, Profiles of volatile compounds from some monovarietal Tunisian virgin olive oils Comparison with French PDO, *Food Chemistry*, **103 (2)**, 467-476 (2007).

[28] Yosra Ben Torkia, « caractérisation d'adsorbants solides à partir des isothermes d'adsorption », **Thèse de Doctorat**, Faculté des sciences de Monastir **(2014)**.

[29] H. D. Everett, C. I. Powl, Journal of the Chemical Society, Faraday Trans I, **72, 619 (1976)**.

[30] K. Vasanth Kumar, M. Monteiro de Castro, M. Martinez-Escandell, M. Molina-Sabio, F. Rodriguez-Reinoso, A site energy distribution function from Toth isotherm for adsorption of gases on heterogeneous surfaces, *Physical Chemistry Chemical Physics*, **13, 5753-5759 (2011)**.

[31] G. F. Cerofolini, Localized adsorption on heterogeneous surfaces, *Thin Solid Films*, **23, 129–152 (1974)**.

[32] K. Vasanth Kumar, M. Monteiro de Castro, M. Martinez-Escandell, M. Molina-Sabio, J. Silvestre-Albero, F. Rodriguez-Reinoso, Hybrid isotherms for adsorption and capillary condensation of N2 at 77 K on porous and non-porous materials, *Chemical Engineering Journal*, **162, 424-429 (2010a)**.

Conclusion Générale

Par l'intermédiaire de l'ensemble grand canonique, nous avons développé des expressions analytiques, en termes de modélisation des courbes expérimentales sorption (adsorption/désorption). Ceci nous a aidée à donner une signification physique aux paramètres intervenant dans les modèles obtenus. Ces paramètres sont reliés aux grandeurs physico-chimiques du processus de sorption tels que le nombre de molécules par site, la densité des sites récepteurs, l'énergie d'adsorption, le potentiel chimique, le nombre de couches, etc. Nous avons ainsi cherché à l'aide de l'ajustement des courbes d'adsorption/désorption, le modèle adéquat qui peut traduire les courbes expérimentales.

L'ajustement des courbes expérimentales a montré la validité des modèles statistiques proposés grâce aux coefficients d'ajustement R^2 qui sont très proches de l'unité et l'erreur (RMSE) qui est minimale.

Pour la modélisation des isothermes d'adsorption de l'eau sur les quatre variétés des feuilles d'olivier, nous avons établi un modèle d'adsorption multicouche infini, et pour valider aussi notre modèle nous avons choisi d'autres données des produits alimentaires de la littérature à savoir, les isothermes des graines de pois chiches, les graines de lentilles, la pomme de terre et les poivrons verts.

Dans ce modèle interviennent cinq paramètres physico-chimiques. De tels paramètres sont le nombre de molécules par site, n, qui est un facteur stérique décrivant la géométrie d'ancrage de la molécule d'eau sur la surface d'adsorption, la densité des sites récepteurs, N_M, le nombre de couche, N_1, formé avec l'énergie ($-\varepsilon_1$) et deux paramètres énergétiques a_1, a_2 qui sont reliées aux énergies d'adsorption intervenant dans le processus. L'étude de ces paramètres en fonction des propriétés des molécules nous a donné des informations à propos du processus d'adsorption à l'échelle moléculaire.

Le nombre de molécules par sites, n, est un coefficient stœchiométrique qui règne la dynamique de l'adsorption. Selon les valeurs de n deux cas possibles d'ancrage sont distingués. Le premier est un ancrage «parallèle» lorsque n est inférieure à 1, les molécules d'eau adoptent une position parallèle à la surface d'adsorption, ainsi, nous définissons le nombre d'ancrage n '= 1 / n qui représente le nombre de sites occupés par une molécule. Le deuxième cas est un ancrage « perpendiculaire » si le nombre de molécules par site est supérieur ou égal à 1(un site récepteur peut être occupé par plus qu'une molécule). Nous avons aussi trouvé que les liaisons de molécules sur les aliments peut se faire probablement par des liaisons hydrogène ou Vander Waals. Nous avons remarqué qu'une augmentation de la température entraine une diminution du nombre de molécule par site ceci est dû probablement à l'agitation thermique.

Le deuxième paramètre, N_M, est un coefficient stérique qui représente le nombre de sites nécessaires pour adsorber la quantité d'adsorbât à la saturation. Nous avons constaté que la densité des sites récepteurs diminue avec l'augmentation de la température, Ceci est dû à l'encombrement stérique où l'ensemble des molécules peut cacher quelques sites récepteurs puisque la molécule d'eau.

En ce qui concerne le troisième paramètre, la quantité adsorbée monocouche (Q_0), nous avons constaté que lorsque la température augmente, la quantité adsorbée monocouche diminue. A partir de ce paramètre nous avons déterminé une autre caractéristique de la surface adsorbante telle que la surface spécifique, cette dernière est très importante puisqu'elle représente la surface totale offerte à la molécule d'eau adsorbée. Nous avons constaté que la surface spécifique diminue en fonction de la température pour les quatre produits. Cette variation est remarquable et la capacité d'adsorption de la surface est plus grande pour la température la plus faible. Sous l'effet de la température, il y a probablement une dilatation ou contraction de la surface (qui est notre cas), ce qui diminue la surface accessible à la molécule d'eau.

En deuxième étape, nous avons établi un autre modèle multicouche par le biais de la physique statistique. Ce modèle est utilisé pour valider et interpréter des isothermes de désorption de quatre variétés de feuilles d'olivier, à savoir «Chemlali ',' Chemchali,' Chetoui', et 'Zarrazi' obtenues à 303, 313, 323 K. Dans ce modèle, cinq paramètres interviennent tels que le nombre de molécule par site, la densité des sites récepteurs, le nombre de couche N_2 formée avec l'énergie $(-\varepsilon_2)$ et deux paramètres énergétiques a_1 et a_2.

Nous avons fait une étude théorique de l'effet des paramètres sur les formes des isothermes de la teneur en eau générées par le modèle. Nous avons constaté, qu'une grande valeur de la constante a_1 change la forme des isothermes à faible activité d'eau. Cette constante est responsable des interactions gaz-solide dans la première couche. Alors qu'augmentation de la valeur de la constante a_2, qui est responsable de l'interaction entre les couches n'a pas d'influence sur la forme des isothermes à basse pression, mais augmente la teneur en l'humidité dans la région multicouche. La valeur de la constante N_M influence le mécanisme de formation de la monocouche, étant donné que cette constante représente pour les sites récepteurs accessibles aux molécules d'eau dans la première couche. L'influence du nombre de molécules par site n paramètre est similaire à celle observée pour NM puisque n est également liée à l'adsorption monocouche et multicouche. Des résultats similaires sont observés pour l'influence du nombre de couches (N_2), c'est à dire la teneur en eau augmente avec l'augmentation de N_2.

L'énergie d'adsorption de l'eau sur les feuilles d'olivier reste toujours dans le cadre d'une adsorption physique puisque les énergies sont < 50 kJ/mol.

Une étude thermodynamique permet de tirer que l'adsorption de la vapeur d'eau sur les quatre variétés des feuilles d'olivier est un processus exothermique spontané au cours de la réaction d'adsorption.

Le Quatrième paramètre stérique étudié est le nombre de couches N_1 formé avec l'énergie qui $(-\varepsilon_1)$ dépend de l'interaction de la vapeur d'eau avec la surface. Ce nombre de couche est inférieur à 1. Ce dernier varie de 0.846 pour la pomme de terre à 303 K à 0.939 pour les graines de lentilles à 293K. Il a été remarqué que l'augmentation de la température d'adsorption provoque une diminution de N_1 et ainsi une diminution de la teneur en eau. L'augmentation de la température modifie les forces de liaison d'eau dans la région multicouche et donc la baisse de N_1.

Une étude énergétique a montré, tout d'abord que les énergies ΔEa_1 et ΔEa_2 sont de type physique. De plus, les valeurs de ΔEa_2 qui correspondent à l'interaction eau-eau sont plus faibles que ΔEa_1, énergies d'interaction eau-produit alimentaire qui subissent une faible variation en fonction de la température pour chaque produit.

Nous avons calculé les fonctions thermodynamiques, tel que : l'entropie qui décrit l'ordre et le désordre du système. Nous avons trouvé que, l'entropie suit deux comportements différents avant et après (a_1) et (a_2). L'entropie augmente en fonction de l'activité de l'eau avant a_1 et diminue après ce point particulier, puis augmente de nouveau après (a_2) vers une valeur infinie. En effet, lorsque l'activité de l'eau est inférieure à (a_1), le désordre augmente au niveau de la surface d'adsorption.

Le calcul de l'enthalpie libre (G) a montré qu'elle est toujours négative, ce qui traduit que la réaction d'adsorption évolue spontanément.

Les valeurs calculées de l'enthalpie (H) indiquent que l'adsorption est un processus exothermique, puisque les valeurs des enthalpies sont de l'ordre de grandeur d'une liaison hydrogène.

Nous avons déterminé la distribution des tailles des pores (PSD) des isothermes de désorption des feuilles d'olivier. A partir de notre modèle traité par la physique statistique, basé sur l'équation de Kelvin. Nous avons étudié l'effet de différents paramètres sur la distribution de taille des pores et nous avons fourni une comparaison de la PSD avec celle déterminée par les images MEB et des résultats de la littérature. Une description énergétique de la surface a été établie par le calcul de la distribution d'énergie des pores.

Comme perspectives de ce travail, nous envisagerons d'améliorer notre modèle traité par la physique statistique en tenant compte des interactions entre les molécules adsorbées. Une autre perspective qui est à moindre importance de tenir compte des degrés de liberté interne des molécules dans le calcul des fonctions de partition grand canonique. Et en plus étudier les différentes chaleurs d'adsorption.

Exploiter d'autres théories quantiques telles que la méthode de Monte Carlo dans l'optique d'enrichir et étoffer les résultats ainsi obtenus.

Annexe 1

L'entropie d'adsorption s'écrit :

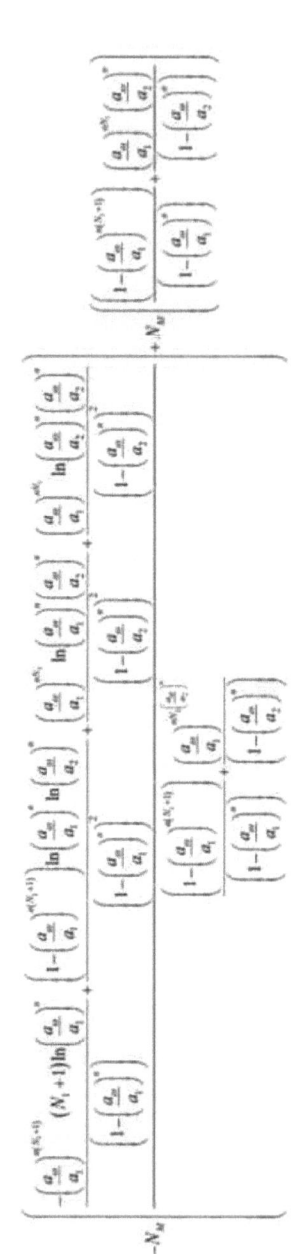

$$S/k_B = -N_M \left\{ \dots \right\}$$

Annexe 2

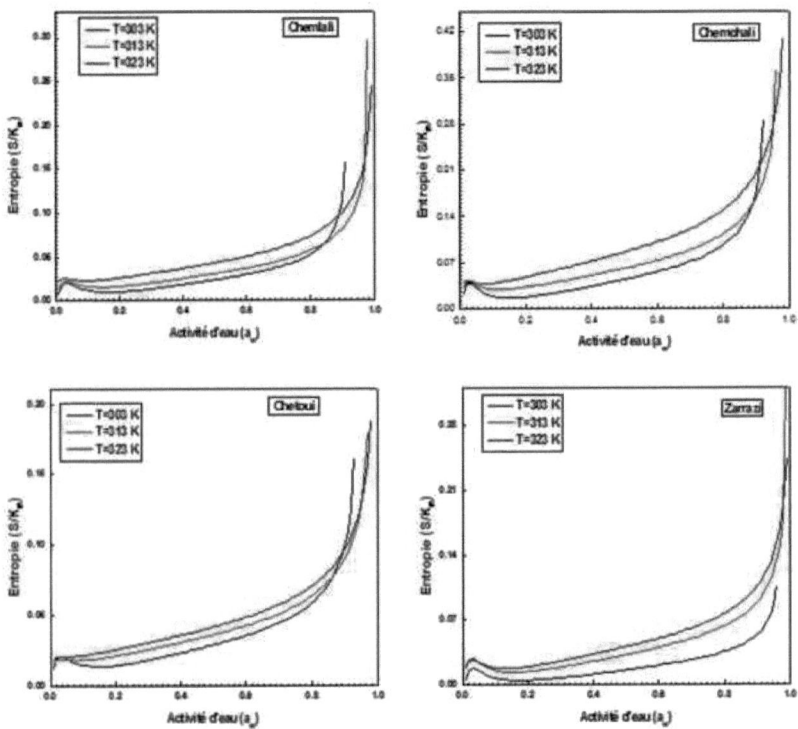

Annexe 3

L'enthalpie libre de Gibbs d'adsorption s'écrit :

$$G/k_B T = \left(n\ln(a_\omega) - \frac{n\Delta E_x}{RT} \right) \times N_M$$

$$\left[\cfrac{ -\left(\dfrac{a_\omega}{a_1}\right)^{m(N_1+1)}(N_1+1)\dfrac{\left(\dfrac{a_\omega}{a_1}\right)^m}{1-\left(\dfrac{a_\omega}{a_1}\right)^m} + \dfrac{\left(\dfrac{a_\omega}{a_1}\right)^m\left(1-\left(\dfrac{a_\omega}{a_1}\right)^{m(N_1+1)}\right)}{\left(1-\left(\dfrac{a_\omega}{a_1}\right)^m\right)^2} + \dfrac{\left(\dfrac{a_\omega}{a_1}\right)^{mN_1}(N_1+1)\left(\dfrac{a_\omega}{a_2}\right)^m}{1-\left(\dfrac{a_\omega}{a_2}\right)^m} + \dfrac{\left(\dfrac{a_\omega}{a_1}\right)^{mN_1}\left(\dfrac{a_\omega}{a_2}\right)^{m\left(\frac{a_\omega}{a_2}\right)^{2x}}}{1-\left(\dfrac{a_\omega}{a_2}\right)^m} }{ \dfrac{\left(\dfrac{a_\omega}{a_1}\right)^{m(N_1+1)}}{1-\left(\dfrac{a_\omega}{a_1}\right)^m} + \dfrac{\left(\dfrac{a_\omega}{a_1}\right)^{mN_1}\left(\dfrac{a_\omega}{a_2}\right)^m}{1-\left(\dfrac{a_\omega}{a_2}\right)^m} } \right]$$

ANNEXE 4

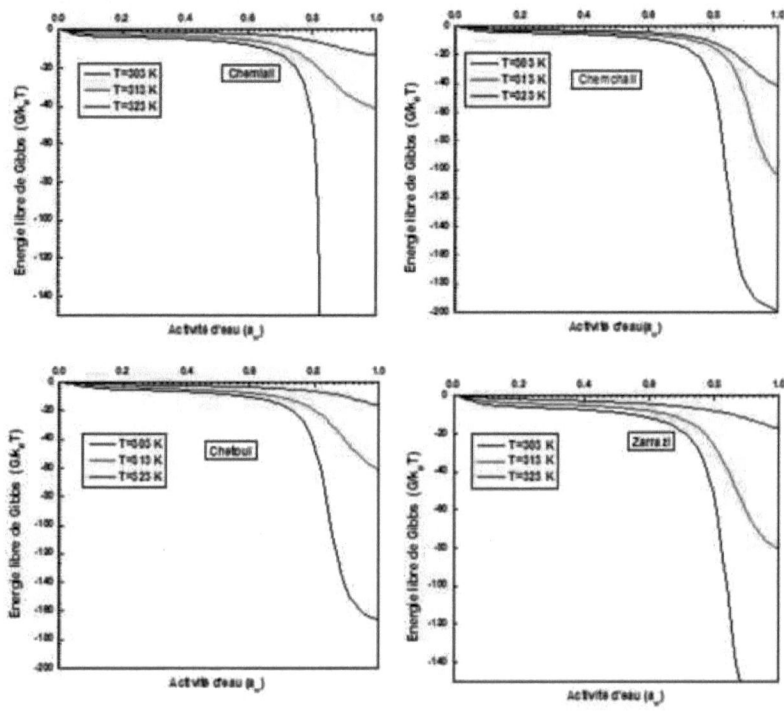

Annexe 5

L'enthalpie d'adsorption s'écrit :

$$H = N_M k_B T \left(n \ln(a_w) - \frac{n \Delta E_x}{RT} \right)$$

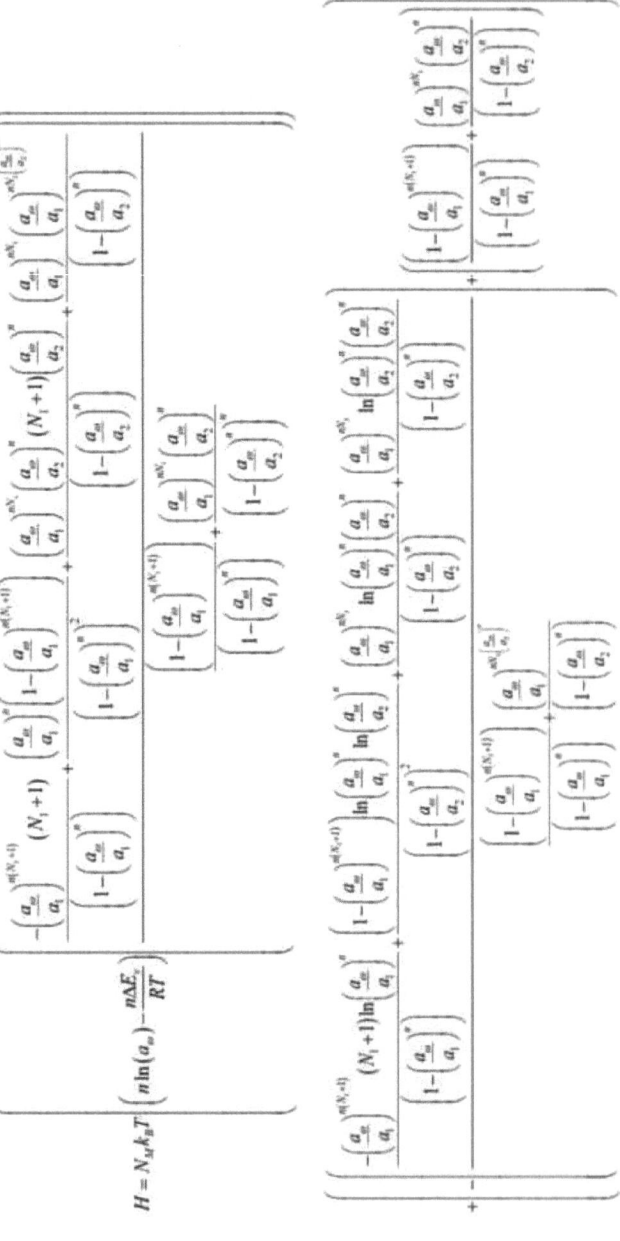

ANNEXE 6

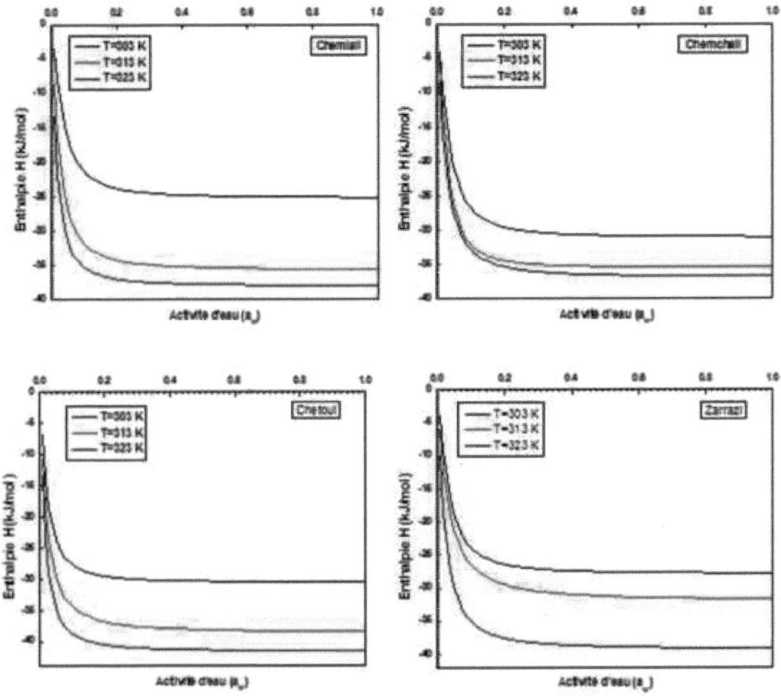

Annexe 7

L'entropie de désorption correspondant au modèle 1 s'écrit :

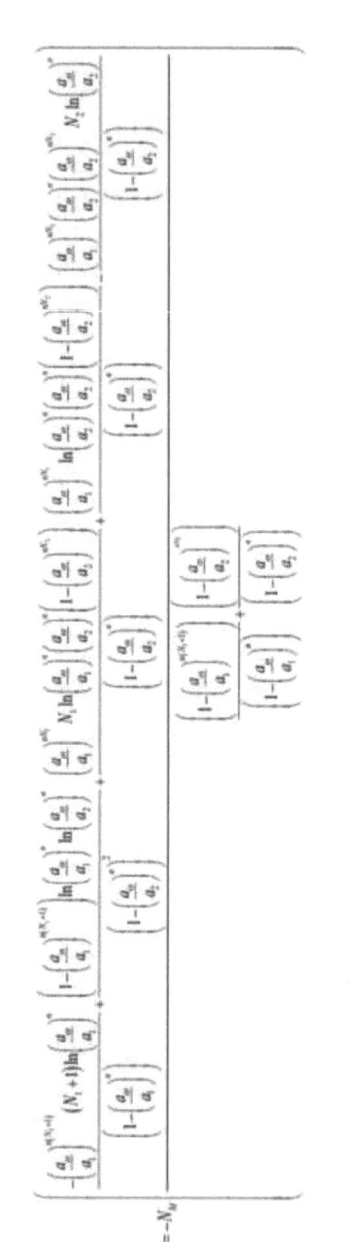

Annexe 8

L'énergie interne de désorption correspondant au modèle 1 s'écrit :

$$
\frac{E_{int}}{k_B T} = -N_M \frac{
\begin{array}{c}
(N_1+1)\ln\left(\dfrac{a_{oe}}{a_1}\right)^{*}\dfrac{\left(1-\left(\dfrac{a_{oe}}{a_1}\right)^{*}\right)^{N_1(N_1+1)}\left(\dfrac{a_{oe}}{a_1}\right)^{*}}{\left(1-\left(\dfrac{a_{oe}}{a_1}\right)^{*}\right)^{2}}
\; + \; N_1\left(\dfrac{a_{oe}}{a_2}\right)^{*}\ln\left(\dfrac{a_{oe}}{a_1}\right)^{*}\dfrac{\left(\dfrac{a_{oe}}{a_1}\right)^{*N_1}\ln\left(\dfrac{a_{oe}}{a_1}\right)^{*}}{1-\left(\dfrac{a_{oe}}{a_2}\right)^{*}}
\; + \; \left(\dfrac{a_{oe}}{a_1}\right)^{*N_1}\ln\left(\dfrac{a_{oe}}{a_2}\right)^{*}\dfrac{\left(\dfrac{a_{oe}}{a_2}\right)^{*}\left(1-\left(\dfrac{a_{oe}}{a_2}\right)^{*N_2}\right)}{1-\left(\dfrac{a_{oe}}{a_2}\right)^{*}}
\; + \; \left(\dfrac{a_{oe}}{a_1}\right)^{*N_1}\left(\dfrac{a_{oe}}{a_2}\right)^{*N_2}N_2\ln\left(\dfrac{a_{oe}}{a_2}\right)^{*}
\\[2em]
1-\left(\dfrac{a_{oe}}{a_1}\right)^{*N_1(N_1+1)} \; + \; \left(\dfrac{a_{oe}}{a_1}\right)^{*N_1}\left(\dfrac{a_{oe}}{a_2}\right)^{*}\dfrac{1-\left(\dfrac{a_{oe}}{a_2}\right)^{*N_2}}{1-\left(\dfrac{a_{oe}}{a_2}\right)^{*}}
\end{array}
}{
\dfrac{1-\left(\dfrac{a_{oe}}{a_1}\right)^{*}}{1-\left(\dfrac{a_{oe}}{a_1}\right)^{*}}
}
$$

Annexe 9

L'enthalpie libre de Gibbs de désorption correspondant au modèle 1 s'écrit :

$$G/k_BT = \left(n\ln(a_\infty) - \frac{n\Delta E_s}{RT}\right) \times N_M$$